翻れ!
日本のICT産業

ディジタル革命三十年の証言

内海 善雄 編著

一般財団法人 情報通信振興会

まえがき

二〇一一年の年初、電波新聞社の平山哲雄社長から、「私の履歴書ふうの連載記事」を書いてくれないかという依頼があった。「私の履歴書」に登場するような有名人でもなく、また、自慢話をするような業績もなく躊躇していた。が、お話を伺ってみると、必ずしも履歴書のようなものではなく、「自由化後三十年、このあたりで歴史を振り返ってみると、今日の電気通信産業に参考になることが多いのではないか」という趣旨であった。

日本の電話やインターネットサービスは、品質、価格とも世界最高水準である。それには、電気通信自由化による競争市場の形成が大きく寄与したといえる。この自由化を実現させたのは、一九八〇年、郵政省に誕生した「電気通信政策局」であった。

郵政省が現業官庁から政策官庁へと脱皮して、電気通信は、国営独占事業から民間競争事業となり、インターネットが出現して世の中は一変した。

自由化後三十年、かつては世界を制覇した日本のエレクトロニクス産業は、今、韓国や中国企業に押されて大変苦戦を強いられている。元気であったころの日本は、一体、現代とどこが異なるのか、何か歴史に教わることがあるかもしれない。

私は、郵政省で通信の自由化に携わり、また、ITU（国際電気通信連合）の事務総局長として外から日本を見る機会を得た。自由化後のディジタル革命の渦中にあった者として、確かにこのあたりで過去を振り返り、現在の立ち位置を確かめることが必要かもしれない。そう思い、平山社長のご要請を引き受けることにした。

私一人では、見聞した範囲も限られているし、見方も偏っているに違いない。そこで、その間に各分野で活躍され、現在の日本の電気通信を創りあげた方々を代表して、小野寺正氏（KDDI会長）、鈴木正誠氏（元NTTコミュニケーションズ社長）、安田浩氏（東京電機大学未来科学部学部長）、矢野薫氏（NEC会長）の皆様に三十年間を振り返っていただき、これから日本はどうすればよいか座談会をお願いした。

討議は三時間以上にもわたり、司会をした私も、各位の分析の深さや洞察力に敬服の念を抱かずにはおれないものであった。議論の内容は多岐にわたったが、電波新聞社が要領よくまとめてくれて、二〇一一年十二月の電波新聞に掲載された。大変示唆に富むものであり、単なる過去の新聞紙面として忘れ去られるのはあまりにも勿体ない内容であった。そこで電波新聞社の許しを得て、私の連載記事を加筆修正したものと合わせて、ここに出版することを情報通信振興会にお願いしたのである。

平成二十五年五月

内海　善雄

目　次

法律・制度・枠組みの変化と主なできごと

第一部　座談会

「翻れ！　日本のＩＣＴ産業」

出席者（写真右から）

安田　浩 氏
東京電機大学未来科学部学部長

鈴木 正誠 氏
元ＮＴＴコミュニケーションズ（株）社長
（現同社シニアアドバイザー）

内海 善雄（司会進行）
前ＩＴＵ事務総局長

矢野　薫 氏
日本電気（株）代表取締役会長

小野寺 正 氏
ＫＤＤＩ（株）代表取締役会長

平成 23 年 11 月 14 日

内海　一九八〇年、郵政省（当時）に「電気通信政策局」が創設され、日本でもようやく通信行政が重視されるようになりました。それ以降三十年間は電気通信の自由化が進み、第二電電（ＤＤＩ）のように、まったくゼロからスタートした通信事業者が出現しました。

日本の通信サービスは品質に優れ、料金的にも競争力があります。しかし一方で、世界市場では中国、韓国企業の攻勢が激しく、日本企業は苦戦を強いられています。日本のＩＣＴ産業復活のシナリオはあるのでしょうか。

まず最初に小野寺さん、どんな思いで通信事業をスタートさせ、発展させたか、話していただけますか。

自由化で市場規模四倍

小野寺氏　当時の日本電信電話公社（ＮＴＴ）総裁の真藤恒さんが八五年四月のＮＴＴ民営化後も、まともな競争事業者なくして発展なしという固いお気持ちを長く持っておられたと私は思っています。民営化後ＮＴＴとの競争が始まったわけですが、この競争により日本の通信市場が大きく成長したことは大きな意義があります。

八五年ごろの電電公社とKDD（国際電信電話＝当時）の売上げを合計すると約四兆円、いまNTTグループの連結と、KDDI、ソフトバンクの連結を合計すると約十六兆円です。市場規模は約四倍になりました。競争により料金が下がったという面もありますが、市場が大きく伸びたという側面はもっと評価されてもいいのでは。

内海　第二電電設立当時の経緯を少し話してください。

小野寺氏　第二電電設立は、初代会長（当時京セラ社長）の稲盛和夫さんの「思い」が強く働いています。設立に際して、稲盛さんは元資源エネルギー庁長官で当時京セラ副社長だった森山信吾さんにも相談されたと伺っています。

稲盛さんは、日本の市外電話料金が米国に比較して高過ぎる、電気通信事業にも競争導入が必須、との強い思いを持っておられた。DDI設立時の発起人会社は、

小野寺 氏

京セラ、ウシオ電機、セコム、ソニー、三菱商事の五社です。

内海 携帯電話は、いまや通信の主流ですが、八五年のＤＤＩ立ち上げ時から携帯電話事業参入を計画していたのですか。

小野寺氏 最初から狙っていたわけではありません。当初は、あくまでも国内長距離だけです。しかし、国内長距離はローカル通信網をＮＴＴに完全に抑えられています。稲盛さんは「ブドウの房構想」と呼んでいましたが、自動車電話はいずれ小型軽量化され携帯電話になると見越し、携帯電話から直接長距離網につなぐことでＮＴＴを経由しないで直接電話できるようにしよう、と携帯電話事業への参入を決めました。

内海 鈴木さんは当時、ＮＴＴの中枢におられたわけですが、民営化・自由化の秘話を聞かせてください。

技術革新が世界を変える

鈴木氏 いや、別に秘話はありませんけどね（笑い）。あの頃の話は全部オープンになっていますから。それよりも私個人がどう感じたか、話させてください。最近、企業の寿命は三十年、とよく言われてますよね。例えば、電電公社の設立は一九五三年（昭和二八年）、それが一九八五年に民営化されました。ほぼ三十年です。不思議だな、という感じがします。技術革新が激しい分野では三十年説がもっと短くなるかもしれませんが。三十年とはよくいったものだと感じます。電電公社にすれば戦後の復興から電話を近代化して国民すべてが使えるようにしようという一応のゴールは達成した。それに三十年間要したということです。

マルチメディア化とか、デイジタル化とかの技術革新が経営そのものを変えたわけですが、そのころにＮＴＴは真藤総裁を迎えました。真藤さんが（ＮＴＴへ）来たから民営化が実現したということも可能ですが、背景には技術の変革期を迎えていたという事情

鈴木 氏

があったと思うんです。

ＮＴＴの民営化は、真藤さんをトップとする経営側と労組が結託した結果という話もあったけど、それより双方に将来を見る目があったということでしょう。ＮＴＴのあり方については、当時政界、官庁、産業界にいろいろな議論があり、すごく活発な議論が展開されましたよね。その結果が民営化で、このダイナミズムは素晴らしい。歴史的にみてもすごいです。

ＮＴＴ民営化後も技術革新はどんどん押し寄せましたが、通信業界や行政がうまく変革を受け止めたか、というと議論が分かれるところです。企業三十年説の通り倒産した企業も多くありますから。私自身は、様々なチャレンジができ非常にラッキーだった三十年といえますね。

内海　いま技術革新の話が出ましたが、民営化されればＮＴＴの技術開発はどうなる、という大きな心配がありました。

矢野氏　小野寺さんからＤＤＩの参入で市場が大きくなったという話、そう思うのは当然です。ところが、米国の圧力で物品調達から研究開発関連に至るまで全部入札制だった。よくいえば透明性は上がったが、長期的観点で何か行うというよりは一個一個バラバラに研究開発するような仕組みになってしまって、全体としてマイナスだったのは事実です。一方で、入札となれば金額で一番札をひかなければ意味がない。そこで徹底的にコストダウンを図った。もちろんそれだけでなく、技術開発も必要で、長距離料金はＤＤＩが参入した結果、ＮＴＴの料金は大幅に下がったのでは。

矢野 氏

競争と技術革新で低価格化

小野寺氏　われわれが参入したときの料金は三分間三六〇円で、ＮＴＴは四〇〇円でした。

矢野氏　二〇〇〇年には百円を切りましたね。料金値下げは、われわれのコストダウンの努力でもあります。同時に技術革新がものすごい勢いで押し寄せ、その時期に光ファイバ技術が急激に進展したのも事実です。あまりにも急激だったので、当時の同軸ケーブルと比べて光ファイバの価格が圧倒的に安くなり、長距離通話も廉価になりました。長距離通話料金の低価格化は競争と技術革新がもたらした例といえます。料金の低価格化は技術革新による方が大きかったと思います。

その後、メーカーはＮＴＴとの間で従来の随意契約から、ＮＴＴへの提案型営業になりました。いまでは当たり前のことですが。ＮＴＴ民営化後、十年間はうまく回りましたが、八〇年以降、三十年ぐらいの間にいろいろな問題が起きました。特に、後半の十五年間です。

内海　市場のパイが大きくなってきた時代ですね。

三つのパラダイムシフト

矢野氏　そうです。前半は技術革新もうまく重なりました。それでは後半、なにが問題だったのか。ひとつはインターネットの登場、それからモバイルの急速な発展、三番目が国家資本主義の台頭です。この三つの要素が日本のメーカーにとって民営化よりずっと大きな影響を与えました。

内海　ウエスタンエレクトリックや、ルーセントといったＡＴ＆Ｔ系の企業、ドイツのジーメンスなど、欧米の通信機メーカーが衰退、その中でＮＥＣが世界市場で頑張っています。

矢野氏　当社も現状は苦しいといっても過言ではありません。落ち込みが顕著になったのはこの三十年の後半のことで、先ほど述べた三つの要素へとパラダイムシフトが起こった。この影響が一番大きかったです。

内海　欧米勢は対応できなかったということですか。

矢野氏　当社も十分には対応できなかった。インターネットは米国の軍用技術が元になっており、国防費で賄われて技術開発が進んだという歴史があります。モバイルでは、米国のインターネット政策に懲りた欧州がＧＳＭ方式で域外企業の締め出しを図った。

　ＮＴＴドコモのＰＤＣ方式の方がＧＳＭより優れていると思います。シンプルで性能も良い、しかもコストが安い。しかし、いまや世界の携帯電話加入者の七十―八十％はＧＳＭ方式です。また３ＧサービスでもＧＳＭゆえにＯＲＡと呼ばれるソフトを搭載すれば、３Ｇへ移行できるという仕組みを考えた。ＧＳＭの基礎技術を持つ企業しか3Gに参入できないような仕組みを欧州は作ってしまったというわけです。米国企業ですらGSMに対抗できません。そういうのが、インターネットやモバイルの世界です。こうした情勢の中、この十年、中国のファーウェイ（華為技術有限公司）や、ZTE（中興通訊）の台頭が目立った。これは国家の後押しもある。

国家資本主義の台頭

内海　中国は、国際協力という国家政策に絡めて進めていますね。

矢野氏　世界の通信網を中国の技術で押さえるという戦略目標です。そのために資金は国が出す。ビジネスモデルというより、国家戦略モデルです。こうした戦略で五年ほど前は、当社の半分ぐらいの事業規模だったファーウェイですが、いまや非常に大きな売上げです。アフリカや欧州へも進出している。しかしファーウェイは、米国市場へは国家戦略により入れない。米国や中国には国家戦略、欧州には地域戦略があった。外国では政府、通信事業者（キャリア）、メーカーは実は裏で全部つながっています。例えばノキアの副社長はノルウェーの副首相だったりします。そういう人たちと競争しているという意識はあまり日本にはありません。日本はあくまでクリーンビジネスを、というわけです。それはそれで意地でも貫き通せばいいんですが、少なくとも、この十五年はやられてしまった。それでは、次の十五年はどうするか、ということではないですか。

内海　小野寺会長は、いまの矢野会長のお話に対し、どのようなお考えですか。

小野寺氏　中国企業の安値攻勢の話が出ました。矢野さんも私も同じ無線を専門にしていたから言えるのですが、実は電電公社の内部で無線と伝送だけがコスト競争していた。光の方が安い、同軸が安い、マイクロ波回線が安いと、内部で常に議論していました。無線屋さんも伝送屋さんもコスト意識を持たないと社内競争に勝てない時代でした。ＮＥＣさんは光やマイクロ波で稼いでいた時期がありました。まさしく競争の中で育った技術です。電電民営化のいかんにかかわらず、この二つの事業は残ったと私はみています。

矢野氏　その通りで、光も無線も大変な技術進歩でした。この何十年かは。

小野寺氏　その後、インターネットとモバイルが登場した。ネットは先ほど米国の国家戦略という話が出ましたが、私自身を含めインターネットは通信ではない如く雰囲気がありました。日本だけではなくてＡＴ＆Ｔでもそう考えていた時期がありました。

矢野氏　ＩＴ業界はＡＴＭ（非同期転送モード）方式にこだわっていたんですよ。

安田氏　当時のＬＳＩ技術・プロセッサ技術では、ＡＴＭがもっとも処理しやすい技術でした。

日本では、産官学連携でＡＴＭ技術開発に取り組み、世界で最も進んでいたと思います。ただ、ＡＴＭの概念はハードウェア的概念であり、ネットワークで重要なルーチング（交換）の概念を含めて発展させることはできなかった。この意味では、インターネットへの取り組みが遅れたと思います。しかしＡＴＭで鍛えられた技術者が、その後ディジタルネットワークの進化に貢献し、放送・通信の融合といった大きな変革を世界で初めて実現したことは、誇るべき技術成果と考えています。

安田 氏

ネットへの取組み遅れる

小野寺氏　インターネットに対する取り組みで日本の通信事業者全体が遅れたことは事実で、ネットは米国の国家戦略があったとはいえ、当時登場した関連メーカーはみんな新興です。ルーターにしろ、サーバーにしろ既存の通信機メーカーは最終的には新興企業に負けました。そういっては申し訳ないですけど。

矢野氏　少し言い訳になるかもしれませんけど、私は八〇年代から、インターネットの時代になると分かっていました。なぜ対応できなかったかというと、私はＴＣＰ／ＩＰというインターネット標準でコンピュータがすべてつながるとは想定していなかった。

当時の状況を説明すると、ＩＢＭはＩＢＭのプロトコル、ＤＥＣはＤＥＣ、ＮＥＣ、富士通など各社にコンピュータネットワークはあったのですが、プロトコルが各社で異なっていたんです。ルーターは全部のプロトコルを処理できなければならない。米国の上手な点は大学でそういう研究をして、いまやルーターの大手になったシスコシステムズがマルチプロトコル・ルーターを完成させてしまった。日本のメーカーは米コンピュータメーカーのプロトコルを分解して解明するリバースエンジニアリングにより完成させる方法なので、日米通商摩擦の絡みもあり、ルーター開発には逡巡しましたね。それが敗因ですよ。

通商摩擦は凄かったですよ。八〇年代の終わりごろから。それでシスコ製品を買わざるを得なかったのですが。私が最初にシスコを見に行った九〇年代の初めはまだ従業員は五〇〇人、エンジニアは七十人しかいない。そんな会社にもう負けたと白旗を立てたんですよ。その時点で。まだ当時は日本にＡＴＭがありましたからね。

小野寺氏　八〇年代初めはちょうど背景にＩＢＭと富士通のソフトウェア紛争があり、米国との関係には日本企業は慎重でした。

鈴木氏　そのころがインターネットや通商摩擦、それに日本の企業が抱えているいくつかの問題が典型的な例として表れた時代です。私は安田教授と同じ頃にシリコンバレーに何度も行き、現地の人と議論した。九〇年代の前半かな。そのころは、インターネットといっても新興企業の技術者が次々に新しいものを考えて、これどうだあれどうだ、と言っていた時代です。ワールドワイドウェブ（ＷＷＷ）や、ブラウザの概念が登場したのもそのころ。その時期、日本はインターネットの世界に生きている人は誰も関心がなかったかというと、そうではないんです。

安田氏　九〇年代の初めでしたか、皆さんと一緒に米国各地のＩＣＴ関連企業を訪問し、勉強することを企画しました。多くの方が参加され、ＩＣＴの有効性に感心され、帰国してから早速ＩＣＴ方面のプロジェクトを作られ、成功された方もいらっしゃいます。バスに乗り遅れない先見性をお持ちの方も、たくさんおられた。

内海　新しいものに着手する時、どうするかということにもなりますね。

日本はＰＤＣＡの文化

鈴木氏　トヨタ自動車の改善運動のようにＰＤＣＡ（計画・実行・チェック・調整）という方法があるし、米国空軍はＯＯＤＡ（監視・情勢判断・意思決定、行動）という意思決定理論を採用しているという。これは戦闘機の乗務員が相手の飛行機にどう挑むかというプロセスなんだそうです。

戦闘時のような後がない時はＯＯＤＡだというわけです。これとＰＤＣＡを両方比較すれば、両方あった方がよい。一発勝負をかける時とＰＤＣＡで改善したほうが将来よい場合があります。日本は、どちらかと言えばＰＤＣＡなんですね。これから技術革新はスピードアップするけど、技術革新が速くなればなるほどＰＤＣＡ

は弱い。しかし大企業がＯＯＤＡを実行できるかとなると、ちょっと合わない。

安田氏　今のＰＤＣＡの話は、大学ではいつも言われていることですので、いくらでも話ができますが（笑い）。インターネットの出発点で日本はどういう立場にあったか。各種の技術が発展したり萎んだりしますよね。電話の技術に関しては、日本はトップ間違いなしです。みんなで仕上げて最高品質のものを提供できるという状況です。

インターネットはどうするのか。登場時にはＴＣＰ／ＩＰプロトコルと、ＯＳＩモデルの両方ありました。日本はＯＳＩモデルで動いていたから、結局ＴＣＰ／ＩＰにはなじまないという議論だったと思うんです。それでいけばよかったのだけど、残念ながらコンピュータがもっと進歩しておればＯＳＩモデルでいけたと僕は思うんです。いまでは、ＴＣＰ／ＩＰでいいとは誰も思っていない。結局、ＯＳＩモデルに戻らざるを得ないはずですよ。

正面から戦うのは無理

内海　これまでは過去三十年を振り返り、日本のテレコム産業が歩んだ道を討議してきました。それはいろいろな問題点もあるが、活力ある時代であったと言えます。その活力が今失われていると思われます。

次に、これから日本のＩＣＴ産業が新興勢力に対抗し、再び翻るためには、どうすべきかをお話しいただきたい。

鈴木氏　ジュネーブのＩＴＵ（国際電気通信連合）主催の展示会「テレコム」では、十五年ぐらい前は通信事業者のビッグプレイヤーが参加して、自社の成果を自慢していました。私が忘れられないのは、ドイツテレコムがルフトハンザと運行システムを構築したとか、ＢＴが金融の中枢システムを開発したとか盛んに自慢していました。しかし、いまなにかしら残っているのは、ＮＴＴグループのＮＴＴデータだけです。ＡＴ＆Ｔもコンピュータから撤退した。

ＮＴＴコムの国際化の例を申しますと、やはり十五年くらい前ですか、マレーシ

内海

アで情報スーパーハイウェイ「マルチメディア・スーパーコリドー（ＭＳＣ）」の計画があり、当社が全社を挙げて協力することになった。当社の建築部門が現地へ行って都市計画まで作成しました。技術的支援はもちろんです。当時は各国で国興しのため情報技術立国をめざした活発な時代だったんですね。日本のＡＴＭをはじめ、最先端技術を世界に伝えることで日本の存在感を認めてもらうことが国際化の一番大事なところだったのではないか、こんなことがこれからまたできるか、難しいと思います。

内海　日本企業やＮＥＣはどうしても国際市場でサムスン電子とか、中国のファーウェイ（華為技術有限公司）と戦うことになりますね。

矢野氏　正面から戦うのは無理です。ファーウェイはどんどんアフリカに通信網を敷設しています。低価格戦略というビジネスモデルですから別の手段を考える必要があります。いま家電を入れて日本の電子産業生産額の六十％は海外です。最近よく六重苦という言葉を聞きますが、これだけ国内生産の立地環境が悪ければ海外へ出るのは当然でしょう。

内海　グローバル化とも言えますね。

多方面のイノベーションが必要

矢野氏　グローバル化ですが、日本国内でみれば産業構造の転換が必要だということです。それでは産業構造の転換はどうやって起こすのか。現状では日本から産業が海外へ出て行くのは当然です。結局、僕らができるのはイノベーションです。昨年（二〇一〇年・編集部注）、野田総理が「課題先進国日本」とか言っていましたが、まさに日本は東日本大震災以前から、あるいは大震災後でも課題は鮮明です。

なにも技術のイノベーションだけでなく、いろいろなイノベーションがあり、イノベーションで難局を乗り切らなければ国がつぶれるわけだから、それを必死でやる。その中で韓国とか中国と異なるビジネスモデルをつくっていかないと、真正面からファーウェイやサムスン電子と戦うのは無理な話ですよ。韓国を例に取ると、ウォンが三十％安くなり、円は三十％高くなっている。こんなギャップがありながらテレビが売れないのは経営がまずい、と言われてもどうしようもないですよ。

内海　もうまったく無理ですね。

矢野氏　円高の問題だけでなく、六重苦です。もう違う世界に行かなければ仕方がないですよね。幸いにもいま、多くの課題があります。まったく課題がない国ということなるとどうしようもないけれど、課題だらけ。課題が少なかった分、これで普通の国になったのです。

これまでは、あまりにも世界の電力事情と日本の事情が違い過ぎます。例えば米国ですら大停電が起こる。普通の国であるなら起こるのは当然です。韓国は企業誘致しながら、昨年の大停電です。日本はあまり大規模な停電がないから、停電に対処する技術は必要なかった。それが、いま日本はスマートグリッドとかスマートコミュニティを必要とするようになった。世界に通用する先端的な市場が日本にできているから、われわれとしては知恵の絞り甲斐があるというものです。空洞化は仕方ないにしても、新しいものを創り出す。そういう気概が必要ですね。

安田氏　エネルギー問題も環境問題も国単独では解決できずグローバルな課題となっています。日本は地理的には小さな国ですので、国内の課題はフェース・ツー・フェースで解決でき、その習慣が今でも重きをなしています。しかしながら、グローバル化した課題は全世界の国々と協調しなければならず、ＩＣＴ技術なくしては解決できなくなりました。スマートグリッドや、ＳＮＳ、スマートコミュニティ、フェイスブックなどは、そのために必然的に登場してきた技術であり活用しなければなりません。幸い日本は、これらの活用を支えるためのハードウェアとしては世界一の環境を持っており今後は英知を結集して活用術を進化させる必要があり、それがまた新しい技術・産業を生み出すという良循環を促進し世界を指導できる立場になれると思います。

サービス産業へ移行を

内海　小野寺さん、ＫＤＤＩも海外進出を考えておられると思いますが、どういう展開をお考えですか。

小野寺氏　われわれは一番感じたのは、通信はグローバルに、しかも絶対つながるというサービスを提供しなくてはなりません。それではサービスを受ける側はどうか。企業相手だと全世界同じサービスでいいと思いがちですが、私は、どうもそれは間違いだという気がします。海外でわれわれキャリアが日系顧客から言われるのは日本語でのサポートをぜひお願いしたいということです。サムスン電子ですら中国や香港にある韓国企業の出先でなんとか韓国語でサポートをと言われるそうです。

通信というのは、ある意味最後まで各国や地域の文化を引きずっていくのではと思えてなりません。

東アジアは一つの文化圏ですが、それではアングロサクソンとわれわれは通信で喧嘩するのか。そうではないですね。手を組めばいいんです。

サービス産業へ移行すれば日本は生きて行けます。メーカーさんが海外で生産する分には構いませんが、その利益を日本に持ち帰れば一向に構わない。製造業で空洞化が起こってもそれを穴埋めするなにかを日本に持ち帰る。その一つがサービス産業だと思うんです。知能の拠点を日本に置けばいい、つまり技術開発なりサービス開発の分野を日本でやればいいと思います。

内海　メーカーはいま、ソリューションとかいってソフトの分野に力を入れていますね。

矢野氏　ＮＥＣとしては製造部門を日本からなくすつもりはありません。新しいイノベーションの最初の商品はやはり国内にマザー工場を置いて、実績を積み重ねて海外で展開という段取り。日本の工場がゼロになるのではない。国内生産の比重は減るが、減った分をどこで吸収するか、それはサービス分野で、それが産業構造の転換です。

求められるモチベーション

小野寺氏　問題は、若い世代が海外に出たがらないという点もあります。昭和四〇年代のＮＥＣとか富士通とは違います。二〇〇〇年代初めのサムスン電子の研究所なんかは雰囲気がかつての日本企業と一緒ですよ。そのころは残業規制など考えられず深夜でも働いていました。ファーウェイだってそうですね。国からの援助あるなしは別にしても、働く人たちのモチベーションがいま、日本と海外、特に韓国とか中国と比較すると格段に違いますね。

矢野氏　米国でも一般的に大企業が日本と同じになり、新しいものはベンチャー企業からです。働き方が違います。ベンチャーの連中は寝袋を会社に持ち込んで二十四時間仕事をしていますよ。

内海　安田先生は大学で若い人と接触されています。これまでの話を総合すると、キーワードはイノベーション、産業構造の変化、モチベーションということになりますか。若い人の反応となると、どうですか。

安田氏　難しい問題ですね。私の独断と偏見になりますが、ＩＣＴ（情報通信技術）ってなんだろうか、という議論ですよね。これまでは光の速度を上げるとか、交換機の容量を引き上げるとか、いろいろなＩＣＴの目標はありました。七〇年代からいままでわれわれが飛躍しようという時、そういうターゲットは確かにありました。しかし、いまは画期的なイノベーションを求めているか、欲しているか、やらなければならないかというと、その点で若い人の意識が希薄だと感じざるを得ません。

内海　イノベーションへの対応についてもう少し話してください。

品質をどうするかが要

安田氏　イノベーションという場合、問題は山積みされていてシステムそのもの、使い勝手、安全性などの意味ではなんとなく疑問です。それでは、スマートフォンでうまくいくかというと、危ないという意識が先に立つ。確かにインターフェイスは楽だけど、みんながデータをドンドン入れたら、それこそもっと危ない。安全面をどうするのか。ある意味で品質につながるので、品質をどうするかというのが要（かなめ）になる。これは誰ができるかという問題です。

私は思うのですが、欧米は先へ進む文化で、守りの文化はあまりない。そう言うと語弊がありますが、逆に日本はあまり先へ進まない。だけど守りは強い。そういう意味では、いま出番かなと。いかにシステムをきちっと守るか、どうやって働きかけるかを考える。

それはイノベーションではないが、少なくても使い勝手の良いシステムになる、安心して使えるシステムになることは間違いありません。その最たるものが医療です。医療では人体実験を繰り返してきたが、これ以上はご免だというのでシミュレーションが登場しました。しかし、これも危なくて仕方がない。次に医療にいかにICチップを埋め込むという話になった。ところがこれには厚生労働省が、医療にはフェース・ツー・フェースが必要と主張する。だから難しい。役所の書類も電子化すれば危ないという発想も問題。しかし、われわれは前進しなければならない。要するに守りながらきちんとやるという意味では日本が一番優れているのではないですか。そういう状況下でいかに国を挙げて投資をどうするかを考える必要があるし、われわれは主張しなければならないと思います。いかに守りの側の技術を磨くか、これを世界に訴える。

端的な例でいうと、スマートグリッドだって守りです。守りの概念をうまく生かせるのがやはり日本人の知恵で、いかに日本がそこへ投資するかがポイントかなと思いますね。

内海　情報セキュリティ確立の取り組みも必要では。どなたかご意見を。

鈴木氏　確かにセキュリティには本格的に取り組む必要があるのではないですか。大学で研究している方にいつも申し上げるのは、いろいろな条件や環境があるでしょうが、エンジニアの数を万人単位で育成しないと。これができないと、おかしくなる時代は必ず来ると思います。そういう時代の到来に備える意味でもきちんとしておく必要があります。

もう一方で、グーグルの創業者であるラリー・ペイジＣＥＯ（最高経営責任者）が、自分の会社でも組織の動脈硬化が進み、簡単にものを決められない、時間がかかり過ぎると言っているわけですね。設立十五年の会社がもう動脈硬化だというわけです。日常の日銭というか、富を生む、利益を生むメカニズムの変化が激しい。

今後の市場という意味ではより良いものをより効率良く、というのが一つの企業経営の柱にあると思いますが、イノベーションというのは必ず一直線で進むものではありません。超音速機はもういいからＬＣＣ（格安航空会社）でという利用者もいます。お金を稼ぐのはＬＣＣかもしれない。情報の世界でもそういう面が現れつつあるのではと感じています。世界の人口は七十億人になりましたが、七十億人をつなぐのに、そんな難しい装置や、論理は必要なく安価で実用的なデバイスができれば七十億人のマーケットが登場するわけです。
こういうことも言えます。一直線にマーケットめざして良い製品をつくれば市場を牛耳れるのか、ピラミッドの底辺に注目した製品をつくった方が市場は大きくなるのでは。そういう複眼的な発想も必要でしょう。

内海　最後に情報通信の分野で日本はどうすべきかを一言ずつお願いします。

見えないものづくり

小野寺氏　今日の話題から少しずれますが、私は「見えるものづくり」と「見えないものづくり」と言ってきました。日本はものづくり大国にならなければならない。ただ、これまでつくってきたものははっきり言ってハードウェアですね。私は「見えないものづくり」を強調したい。残念ながら日本のソフトウェア技術は弱い。
日本は、残念ながらそこの力が落ちている。この部分を再構築しないと、と思っています。その弱い分野というのは情報処理システムのソフトとかという大きな意味ではなく、むしろ組込み技術です。

安田氏　国の政策として一番大きな問題は、国はお金を投じてなにをしたいのか、その部分で統一的な見解がない。儲けたいとか、なにかを育てたい、とかハッキリ言ってくれればいい。政府部内に高度情報通信ネットワーク社会推進戦略本部（通称＝ＩＴ戦略本部）がありますが、座長の首相が忙しいこともあって会議がなかなか開かれず、タイムリーに機能していません。ＩＴの知的財産で生きていくなら、いかにそこへ投資するか、明確にしてほしい。

矢野氏　新しい産業を育てるということを経済産業省は盛んに言っていますが、先に話のあった医療分野へのＩＣＴの利用のように、何かを掛け算するところに新産業が出てきそうな感じです。医療は多くの規制があります。規制緩和するということをもっと国民に働きかけるべきですよ。

鈴木氏　政府は方針を明確にする、民間はどこまでやるのか、政府は、ここまでやるなど方針を明確にする、そして実行する。この考えが欠けています。実際にモノをつくるという次元の話ではなく、もっと空気をつくる、みんなを刺激して動かすことをしないと。先ほど小野寺さんが指摘したように若者が海外へ行きたがらないという現象も、なにか仕掛けをつくれば、あるいはそういう空気をつくれば、若者は海外へ行くようになると思いますね。

内海　今日は貴重なお話をうかがいました。ありがとうございました。

座談会出席者略歴（五十音順）

小野寺　正　氏

一九七〇年東北大学工学部卒業後、日本電信電話公社入社。マイクロ無線部調査役などを経て八四年第二電電企画(現KDDI)入社。九五年KDDI常務、九七年副社長を経て〇一年社長。〇五年社長兼会長、一〇年十二月から現職。四八年生まれ。

鈴木正誠　氏

一九六五年東京大学経済学部卒業後、日本電信電話公社入社。八九年秘書室長、九三年取締役、九六年常務取締役を経て九九年NTTコミュニケーションズ社長。〇五年取締役相談役、〇七年相談役、一一年六月から現職。四一年生まれ。

安田　浩　氏

一九七二年東京大学大学院電子工学専攻博士課程修了、同年日本電信電話公社

入社。企業通信システム本部開発部長、情報通信研究所所長を経て九三年三月退社。同年四月東京大学教授などを経て〇七年三月同大退職。同年四月東京電機大学未来科学部教授、現在は同学部長。四四年生まれ。

矢野　薫　氏

一九六六年東京大学工学部卒業後、日本電気入社。九八年ＮＥＣ　ＵＳＡ社長、九九年米国法人社長兼務で常務、〇三年取締役専務。代表取締役副社長を経て〇六年社長、一〇年四月から現職。四四年生まれ。

内海善雄

一九六五年東京大学法学部卒業後、東芝入社。六六年郵政省入省。総務審議官などを歴任。九九年から〇六年まで国際電気通信連合（ＩＴＵ）事務総局長。現在は、海外通信・放送コンサルティング協力（ＪＴＥＣ）理事長。四二年生まれ。

本座談会の本文及び写真は、電波新聞社様のご好意によるものです。

第二部

「デイジタル革命の舞台裏」

内海　善雄　著

一　井戸を掘って水脈に通じる

「内海先生は、日本人の欠点を強調するけれど、日本人には、いっぱい良いところがある。そこをどう生かすかがポイントではないですか？」

「否、日本人が陥りやすい欠点を意識しなかったがために、自分は、外国人との交渉で何度も失敗した。また、他の人が失敗するケースをいっぱい見てきた。「敵を知り、己を知れば百戦危うからず」ということを肝に銘じておくことが成功の秘訣だ。」

二〇一一年十一月、早稲田大学十四号館四〇一号教室でのやり取りである。

私は、WHO（世界保健機構）の事務局長であった中嶋博士についで、日本人としては、二番目の国連の専門機関の長として、一九九九年から二〇〇七年まで八年間、ITU（国際電気通信連合）の事務総局長の職にあった。稀な国際経験をしたので、後進の若い人に、少しでもそれを伝えるのが自分の任務であると思い、早稲田大学で全学部の希望者を対象に、客員教授として定年になるまで毎年秋季にこの講座を開いた。

一九六六年、郵政省に奉職して三十四年間、主として電気通信行政畑を歩み、通信の自由化や、日米交渉など、電気通信の大きな変革に関与するチャンスに恵まれた。最後は、ITUの第十六代事務総局長として、IP電話の解禁や、開発途上国の情報化の促進に寄与することもできた。しかし、それは、決して順調に進んだわけではなかった。一九六五年、東京大学法学部を卒業して、まず東芝に就職した。電機メーカーを選んだのは、もともとラジオを組み立てたり、機械いじりが好きだったこともある。しかし、それよりも真っ先に内定をもらった会社に決めたからだった。大学四年になる春休みに、父親が余命数ヶ月と宣告され、一刻も早く就職先を決定して故郷に帰り看病したいと思ったのだ。

東芝に就職してみると、毎日、コピーをとり、算盤で計算をして表を作成するなど単純な事務作業をしている自分に大変な疑問を抱いた。「こんなことで良いのか」と、何もかもが不満に感じた。

ある日、会社を一日休んで、思しき役所を回ってみた。

「一度就職した者には敷居が高いぞ」と、居丈高に話したのは、某省の秘書課長であった。

「実は、自分も民間会社から転職してきた。ここは、「郵政一家」のような温かいところだ」と話したのは、郵政省の陣野龍志人事課課長補佐だった。

会社を辞して、一年遅れで郵政省に就職すべきかどうか大変迷った。あるとき郵政省に内定された者が呼び出され、部内雑誌「郵政」をもらった。「郵政」には、郵便局の窓口職員が、年金を受け取りに来て困っていた老婆に声をかけてあげたところ感謝され、「一日中、自分は、気持ち良く仕事ができた」という手記が載っていた。「利益、利益」と言っている民間会社と比較して、郵政省ではこんな気持ちで仕事をしている職員がいるのかと、たいへん新鮮に感じた。

翌年三月になっても、決心がつかないまま、会社に転職したい旨告げると、おおいに慰留された。最後まで迷いながらも、結局、郵政に転職することにした。

四月一日、狸穴にあった郵政省で辞令をもらい、曽山克己人事局長から、「井戸を掘って水脈に通じる」ようにせよとの訓示を頂いた。正直のところ今でもその正確な意味は分からない。しかし、なにか大変崇高な人生態度のように思え、こんな考え方で仕事をしている先輩がいる職場だということに大いに感激した。

郵便局での実習を中心とした一年間の研修期間中は、一従業員としてではなく、経営者の側にたった意識をもたせられ、その気になっていた。二年目

雑誌「郵政」

になって本省に配属され、一係員としての実際の仕事の中身は、やはりコピーをとったり、算盤で計算したりで、東芝とまったく同じであった。しかし、気持ちがまるで違っていた。「自分は、世の中に役に立つことをしているのだ。井戸を掘って水脈まで通じるのだ」と、いつも前向きになれた。

その後、どんな職務や困難なことに面してもこの気持ちを持つことができた。転職を経験しなければ、また、郵政省で良き先輩にめぐり合えなければ得られなかったものだったと思う。

二　未来を拓いたシカゴ大

郵政省では、時々本省で座学の研修を受けながら、中野郵便局で、郵便の配達から貯金の窓口事務まで、一年間の現場の実習をした。

本省では、先輩の三浦一郎文書課課長補佐から、生まれて初めて「通信経済学」という言葉を聴いた。当時、「交通経済学」という言葉はあったが、通信政策を研究する学者もおらず、著書も見たことがなかった。

二年目には郵務局輸送課に配属になった。輸送課は、郵便の運送を取り仕切る部門である。課員たちは、自らを「雲助」と称して、酒をガブ飲みし、羽目をはずす豪傑振りを自慢する独特の雰囲気がある職場だった。いわば、郵政省の保守本流的なところである。学究肌の私には、なかなか波長が合いにくい職場であった。夕方になると酒盛りが始まるので、新人の私の仕事は、肴に買ってきた天ぷらのためにテンツユを作ることであった。

そんな時、江上貞利人事課長や成川富彦要員訓練課課長補佐の取り計らいで、夜、四谷の日米会話学院へ行かせてもらえるようになり、テンツユ作りと酒盛りから解放された。高校でも大学でもＥＳＳ（英会話クラブ）に属していて、英会話に興味を持っていた。

一九七〇年、郵政省入省四年目に人事院の行政官海外研修制度で、シカゴ大学の大学院政治学部に留学することになった。

シカゴ大は、たくさんのノーベル賞受賞学者を輩出し、エンリコ・フェルミが初めて原子の火をともした場所でもある。東部のアイビー・リーグの大学に対して、シカゴ学派と呼ばれるように独特の先進的な雰囲気をもつ大学院が中心のアカデミック一筋の大学であった。

政治学部は、全員が博士コースになっており、卒業生は、他の大学の教授や、研究者、ジャーナリストなどになっていた。学生達は、一日も早くPhDを得るために努力していて、教室と図書館と自宅以外はどこへも行かず、楽しい学園生活とはまるで縁のないものであった。多くの学生は、働いている細君の給与で生活していた。

これでは、アメリカのことがさっぱり分からない。アメリカ人と部屋をシェアしたいと思って探していたら、「ボーイ・シッター」の広告が大学新聞に載った。夜間、外出しなければならない実業家夫婦のために、小学生の子供と一緒にいることが条件で、部屋を無料で提供するという話であった。

「ヨシオ、アメリカの子供たちは、ノーと言われるまで要求するように育てられている。だから、無理な要求には、ノーと拒否しなければならないのだ」

子供たちの無理な要求に手を焼いたとき、下宿先の実業家セイガン氏からこう教えられた。石原慎太郎が「NO（ノー）」と言える日本」を発刊する十八年前のことである。

この面倒を見た子供たちは立派に成長し、兄は、IT企業であるアカマイ社の社長、

シカゴ大のキャンパスで

弟はハーバード大の教授になっている。

セイガン家での暮らしで、裕福なアメリカ人が何を考え、どんな生活をしているか知ることができた。大学の近辺は、黒人たちのゲトー（貧民居住区）に囲まれており、米国の貧富の差を目の当たりにしたのであった。

東大法学部では、講義を聴き、教科書の内容を覚えるのが勉強であったが、シカゴ大では、論文を書くために図書館にこもって資料や参考文献を探し回るのが学業であった。そこで、自分が新しいことを発見する喜びというものを味わった。その後の私の人生は、新しいことにチャレンジする人生であったといえるが、この留学で知った喜びが影響しているのではないだろうか。

日米の放送局免許を比較分析してみると、意外に日本が効率的でかつ公平なことが分かったので、修士論文にまとめた。これは、著名な政治学者セオドル・ローイ教授に褒められ、出版することを勧められた。教授が他のクラスで「日本のガバメント・ボーイの分析手法は、素晴らしい」と褒めていたという話を米国の友人からも聞いた。あの程度のことで褒められるのであれば、言葉のハンディはあるが、米国の学問のレベルもたいしたことはないと思ったが、その自信が、後に国際関係の仕事に就いた際、大いに助けになった。

シカゴ大の授業は五月末に全部終了したので、ヨーロッパを旅行して帰国することにした。一ヶ月間全ヨーロッパのファースト・クラスの列車に乗れるユーロパスという格安の切符を購入、夜行列車がホテル代わり、朝新しい都市に到着し、一日中その町を徘徊して夜、別の国行きの列車に乗る。こんな貧乏旅行でヨーロッパを隈なく回ることができた。

三　「通信行政の展望」に託す夢

「数ヶ月も行方不明とは何事か、全ての人事異動はもう終わったぞ。」

一九七二年七月十六日、海外出張扱いになっていた留学期間を終え、郵政省に登庁すると、人事課課長補佐にひどく叱られた。私は命令どおりの日に出張から帰ってきたのだが、その命令は二年前に出ていて担当者も知らない。

郵政省では、例年七月初めが人事異動の季節で、職員は、六月早々から首を洗って待っている。その年も、七月の初めに人事異動が行われたため、行方不明の私には人事発令が出来なかったらしい。そこで、夏休み中の郵政大学校の教官ポストを用意したとのこと。携帯電話もない時代だから、連絡もできなかったのである。

翌年、同期の者に二年遅れで、岡山県の水島郵便局長に任命され、就職してから初めて責任あるポストについた。局は、水島コンビナートの建設に伴って業務が何倍にも急拡大して、常に要員が足らない困難局であった。アルバイト職員も周辺の大企業に採られて採用できず、苦しい局経営であったが、皆、助け合って仕事をしていた。ところが、春闘で全逓組合から違法ストライキ拠点局に指定され、ストを拒否する者と組合の指令に従う者との激しい相克が起きた。

結局、半数が組合の指示に従い、半数は指示に反して就業するため局長に保護を要請してきた。スト決行の前夜、その半数の職員を局内に宿泊させた。水島地区の他企業の先鋭的な活動家（俗称、水島反戦）が局にデモをしかけ、警察が警官隊を出動させるなどして、騒がしい一夜が過ぎた。翌日のスト決行日は、確保した職員と近隣の他局からの応援とで平常どおり業務を遂行することができた。

スト後、職員たちはスト参加者と不参加者との間でお互いに疑心暗鬼となり、また、管理者とは口を利かない者の続出など、一〇八人の職員の人間ドラマの裏表を見る経験をした。たった一年間であったが、振り返ると何十年分もの人生経験であったと思う。

翌一九七四年七月、電気通信監理官室のデータ通信担当副参事官の辞令を頂いて、本省に帰ってきた。

郵政省には、電電公社の監督を行う二名の電気通信監理官という局長クラスのポストがあり、少数のスタッフが補佐していた。その組織を電気通信監理官室と呼んでいたが、しかし、それは、電電公社の監督というよりは、国会との関係、外国との関係、予算など、政府でなければできない仕事を、公社と一緒になって行っている組織であった。監理官も一名は、公社の技術系が、交代で出向しており、電電公社の霞が関出張所と揶揄されていた。

一方、米国では、連邦通信委員会（ＦＣＣ）が存在し、政策の発案や関係者のヒアリング、紛争の裁定などいろいろと行政話題を提供していた。

一九六〇年代には、電電公社の投資額は、国鉄を抜いて日本一となり、日本経済の牽引車だった。そのおかげで全国ダイアル即時通話や、懸案であった電話の積滞も解消した。そして国鉄のみどりの窓口など、電子計算機が通信回線を使ってオンライン・サービスを行う時代になった。電話建設だけがすべての時代は終わろうとしていた。

そんな中で、富田徹朗氏や金光洋三氏など、前記監理官の下の若手官僚達は、「通信行政の展望」と名づけた小冊子をまとめ上げ、新しい通信政策を夢見ていた。また、電気通信監理官室は、毎年、局への昇格の予算要求も行っていたが、省内ですらどこからも相手にされていなかったのだった。

監理官室着任の一年前、一九七三年に電気通信回線の一部自由化が行われ、コンピュータで科学計算や事務計算を行っていた情報処理業者が、オンラインで顧客に計算サービスを行うことができるようになった。この新しいサービスを、郵政省では「情報通信業」と名づけ、郵政省が所管する新しい民間事業として育成したいと考えていた。いわば新しい通信政策の希望の星であった。しかし、郵政省には、財投や税制、補助金などの政策手段が何も無く、またそれらに関するノウハウも無かった。

一方、通産省では、情報産業がこれからの産業であると、各種の育成策を実施していた。調べてみるとそのほとんどは、十年も前の一九六〇年代の初頭、後に大分県知事となった平松守彦電子政策課長時代に創設されていた。平松氏には、畏敬の念を持たずにはおれなかった。何か新しいことをやりたいと思っても何もできない欲求不満の日々であった。

夢を抱かせた報告書
「通信行政の展望」

四　現業官庁から政策官庁へ脱皮

二年間の監理官室勤務の後、外務省に出向して、在ジュネーブ国際機関日本政府代表部に一等書記官として勤務するよう命ぜられた。

ジュネーブにはＩＴＵ（国際電気通信連合）がある。ＩＴＵは、電気通信の標準化や周波数の調整をしている最古の国際機関で、いわば郵政省の親玉に当たる。

書記官の仕事は、日本からの出張者のサポートやＩＴＵの会議に出席することであったが、仕事は最低限にして、もっぱらヨーロッパの楽しい生活をエンジョイした。スイス人やフランス人の生活を見て、また彼らと同様の生活をして、豊かになった人間が何を幸福と考えているのか、大いに参考になった。それは、決してあくせく働くことではなく、豊かな生活を楽しむことであった。そして、その豊かさの大きな部分が自然環境であることを、身をもって知った。

ジュネーブでは、電電公社とＫＤＤ（国際電信電話株式会社）の事務所や、ＩＴＵの日本人職員など十数名の関係者が、「逓信村」を形成し、お互いに助け合いながら職務を果たしていた。

三年間の勤務のなかで思い出深いものは、一九七八年に開かれた航空管制のための電波の割当て会議である。中国が、尖閣列島を自国の地域として電波割当てを提案してきたのである。三週間の会議期間中、カナダ出身の議長を仲介にしての中国との交渉は、領土問題の難しさの一端を知ることができた。結局、その地域に線引きをせず、白紙状態にするという妥協案を得た。数週間後、中国漁船が大挙して尖閣列島へ来たという新聞報道があった。

あまり責任のない、気楽なジュネーブ勤務の二年目、日本では大変なことが起きた。ＫＤＤから多数の政治家へのプレゼントが発覚した、いわゆるＫＤＤ事件と呼ばれるものが起き、郵政省の家宅捜査や、幹部の逮捕にまで発展して郵政省は設立以来の大危機に見舞われたのである。

ジュネーブでは、代表部が中心となって逓信村メンバーで協力しあって日本代表団をサポートする体制があり、ＩＴＵ会議に出席する郵政省からの出張者のサポートをＫＤＤや電電公社の事務所にもお願いすることも多かった。しかし、ＫＤＤ事件の結果、そのようなやり方が通用しなくなり、協力体制が崩壊してしまった。

一方、日本においては、この危機を契機として、規制官庁と事業者とを峻別し、電気通信政策局を創立しなければならないという若手官僚たちの訴えが、省内でやっと理解されることになった。その結果、人事局をスクラップして電気通信政策局を設立するという省内合意が成立した。

一九八〇年、電気通信政策局が創設され、郵政省は郵政事業重視から通信行政重視に大きく舵を切った。設立された新局の局長に、組合対策で蛮勇を轟かせた守住有信人事局長が任命されたことは、省の大きな政策転換を物語る象徴的な人事であった。

新局は、「電気通信政策懇談会（電政懇）」を立ち上げた。郵政省には郵政審議会に電気通信部会という下部組織が存在したが、開かれたこともなかった。「電政懇」で、初めて産業界や利害関係者が参加して、通信政策を議論したのであった。

そのころ、私は、三年間のジュネーブ勤務を終え、中国地方を管轄する広島郵政局の郵務部長に任命された。毎日、毎日、山のような郵便物をどのように処理するかというのが仕事であった。郵便の仕事に携わるのは、水島郵便局長以来、七年ぶりであったが、その水島局が管内一番の困難局となっていて、その建直しも重要な職務であった。私は、

二流官庁と揶揄された狸穴の郵政省

すっかり通信政策のことは忘れ、郵便事業の経営に没頭した。

ところが、一年後、思いかけず本省に呼び戻され、通信政策懇談会の提言をまとめる最終段階になっていた電気通信政策局の政策企画官という新設の課長クラスのポストに任命された。

五　通産省vs郵政省　VAN戦争

「電気通信政策懇談会（電政懇）」では、電電公社も、産業界からの要望の強かったデータ通信（注）の自由化に関しては異論がなかった。「電政懇」は、データ通信サービスを、自ら行う場合は、完全に自由化、事業として他人にサービスする場合は、「許可制を含む何らかの規制の下に自由化する」という提言をまとめた。

事務局である電気通信政策局では、更に進んで、電話事業そのものにも競争を導入すべきであると考えていた。しかし、そのような革命的な提言を電電公社が容認するはずがない。そこで、「電気通信分野に市場原理の導入を図ること」という公社も反対しにくい曖昧な言葉を使って、激突を避けた。

また、「電電公社の組織形態の見直しを検討する」と、将来の民営化につながる官庁用語を提言の中に盛り込むことも成功した。

局を挙げて、提言の作成に取り組んだが、なかでも活躍したのは、江川晃正データ通信課長であった。持ち前の行動力で芦原義重懇談会座長（関電会長）や秋山龍部会長の信頼を得、電電公社の独占体制を崩すきっかけとなる前記の文言を提言の中にねじ込むことに成功したのであった。

当時、電話事業の自由化や電電公社の民営化などは、世の中ではほとんどの人の意識になかった。江川氏の信念と行動力の賜物である。

芦原座長は、提言の発表直前になって思わぬ問題に当惑した。突然、通産省から、「データ通信の自由化に許可制や届出制を持ち込むのは反対である」と強く迫られたのだ。これが、産業界や政界を巻き込んで三年間騒がせた通産・郵政の戦いであるＶＡＮ戦争の始まりであった。

電話回線を活用して、更に高度な通信サービスを行うことを、当時、付加価値通信（ＶＡＮ）サービスと呼んでいた。今日的には、インターネットがその一例である。

ＶＡＮサービスを、完全に自由化するのか、それとも何らかの規制の下で自由化するのかという意見の違いであったが、実は、「通信事業として規制する」ならば、この新しい事業は郵政省の所管になり、「情報処理サービスとして完全に自由」であれば、産業全般を所管する通産省の配下になるという役所間の縄張り争いが背景にあった。

この争いの先頭に立った通産省の担当課長は、関収、熊野英昭、牧野力、広瀬勝貞と、どの方も後に次官や局長に就任されて活躍された人ばかりだ。通産省はエースを送り込んで郵政省に挑んだが、通産官僚の嗅覚には頭が下がる。当時は、ＶＡＮなるものが後にインターネットに発展するとは誰も想像していなかったのである。

守住局長・江川課長のコンビで戦ったＶＡＮ戦争の初戦（一九八二年）は、田中六助自民党政調会長裁定や橋本竜太郎自民党行財政調査会長裁定を受けて、通産の勝利であったといえる。それは、今まで民間には禁止されていたＶＡＮ業務を届出制や許可制で開放しようとした郵政省の「付加価値データ伝送業務に関する法律案」を、通産省は葬り去ったからである。それどころか、自分ではコンピュータを持てない中小企業のためにこの業務ができるよう、法律なしに臨時暫定措置をとるよう前記自民党裁定を出して郵政省に迫ったのである。法律がないということは、国が何らかの規制をすることはできず、通産省の所管になることになる。

後を継いで担当課長になった私は、この戦いを有利にするためには、何よりも世の中のサポートがなければならないと考えた。そのため、産業界のメンバーで構成される「ネットワーク懇談会」を立ち上げ、ＶＡＮが社会的にどのような役割を担うのか検討して頂いた。

主査になった齊藤忠夫東大助教授の下で、産業界の若手の方々の熱心な討議の結果、「ネットワーク社会」という報告書が作成された。企業や行政機関などのコンピュータが繋がり、社会活動がＶＡＮに依存するネットワーク社会が出現すると言うものであった。

この報告書は、全国優良図書選定委員会から優良図書として選ばれ、ベストセラーとなった。経団連などでも報告説明会が開かれたが、実に時代の先取りをしたものだった。

ＶＡＮというものが経済活動の中心になってくるという世の中の理解が進むにつれて、そのサービスの品質の保障のため、国による何らかの関与が必要であるという郵政省の考えをサポートする者も増えた。そんな中で、電電民営化問題に忙殺されていた小山局長や富田次長から、「ＶＡＮの問題は後回しだ」と言われ、自民党裁定をどのように実施するか、担当課長として一人悩んでいた。

局面を打開したのは、日経新聞の特ダネ記事である。記者クラブに来たばかりの大変

優良図書に選定された
ネット懇報告書
（コンピュータ・エージ社 刊）

熱心な新進の日経新聞社の藤井良広記者の求めに応じて、検討していた臨時措置の省令案を丁寧に説明した。ポイントは、中小企業のために、たとえ大企業が行っても中小企業のためならば中小企業のための通信として郵政大臣に届け出ることを条件に行えるようにする省令案である。民間に届け出を義務づける省令は、法的には疑義があるが、臨時暫定措置であるとした。

翌日の日経新聞は、「郵政省、大企業にもＶＡＮを認める」という大見出しでトップ記事として取り扱った。たいへん前向きな見出しと記事であった。その日の夕刊は「経団連委員長、郵政省案に

日本経済新聞　昭和57年(1982年)9月22日　(水曜日)　(日刊)

日本経済新聞

中小企業の「他人使用」
大企業向け認める
資本関係なくても可能

データ通信自由化
省令固まる

交換機と電算機接続もＯＫ

高度通信サービス新法へ布石

方向を決定的なものにした日経のトップ記事
（日本経済新聞 昭和 57 年 9 月 22 日より）

賛成」と追い打ちの記事も出た。この記事により世の中の流れが変わった。規制をしてVANを認めない郵政省というイメージから、大企業にまでもVANを認めようとする自由化の旗手の郵政省と世の中が理解してくれるようになったのである。内容的には、頓挫した「付加価値データ伝送業務に関する法律案」とは何ら違いはないのに、世間の受け止め方はまるきり逆になったのである。

この風向きを受けて、俗に言う「中小企業VAN」の省令を、通産省の反対を押し切って公布することができた。それは、間に立った行政管理庁や政治家が、新聞などの論調に同調してくれたからである。

翌年（一九八四年）に出された通信の自由化のための電気通信事業法案では、VANは第二種電気通信事業として、登録制の特別第二種事業と届出制の一般第二種事業として規定された。通産省は三度目の正直で、再度、この法案に反対し、VANの所管についての戦いを挑んできた。日本の産業界を二分しただけではなく、米国政府をも巻き込んだ激しい戦いであったが、中小企業VANの省令の実績により、最終的には、自民党の政調会の裁定という形で実質的に郵政案に決着した。

第二種電気通信事業となったVANは、一九八四年、電気通信事業法の成立により正式に自由化された。世の中がVAN戦争に気をとられている間に、実は、電話事業の自由化と電電公社の民営化が欧州に十年間も先駆けて行われたのであった。

なお、VAN戦争の詳細は、「VAN戦争奮戦記」として、拙著がネット上に公開されている。

(http://yutsumi.web.fc2.com/message/book/VAN.pdf)

注：「データ通信」

コンピュータを電気通信回線に接続して、計算サービスや、販売在庫サービス、付加価値通信などを行う。現代風に言うならばインターネットやクラウドサービスをさす。

朝日新聞　1984年（昭和59年）4月5日　木曜日　35293号　（日刊）

朝日新聞

VAN法案　政府・自民　一応の決着

規制色やや薄める

党四役裁定　郵政と通産を折衷

特別二種　許可に近い届け出制

目立つ対米配慮

VAN問題の調整のため話し合う自民党四役会。中央が田中幹事長

決着をトップで報じる記事
（朝日新聞昭和59年4月5日より）

六　今につながるニューメディア

電気通信の自由化が話題になると、さまざまのニュー・メディアが議論された。

ＶＡＮサービスから、一機、数百億円もする衛星を打ち上げて衛星通信サービスを行おうとするものまで、たくさんの夢物語があった。私は、いろいろなグループに呼ばれて意見を聞かれた。どんなところから依頼されてもお断りをせず出向いたので、二〜三年間、毎年、数十回は講演したと思う。それまでは、電電公社やＫＤＤ、そしてせいぜい通信メーカの名刺しかもっていなかったが、一気に全業種の方々の名刺で机の引出しは溢れかえった。この産業界との会話が、前述のＶＡＮ戦争の後半で産業界が郵政賛成派と反対派に二分され、その一方が郵政省に味方してくれることに大きく寄与したと思う。

当時、ＮＴＴは、北原安定副総裁のもと、通信ネットワークは、すべてディジタル網に統合されると考えていた。三鷹でＩＮＳ（ディジタル統合網）の実験を開始（一九八四年）し、光ファイバーを使ったＩＮＳの建設に突き進んだので、機器メーカも電気通信関連学会も、専門メディアも、世の中はＩＮＳ一辺倒であった。電気通信の世界に食を食む者は、この考えに疑問を挟める雰囲気がまるでなかった。

ある日、齊藤忠夫東大助教授から、「覚悟を決めて話をすることにした」と言って聴かされたことは、「CATV回線を電話のために使うことも出来る。世の中が全て光ファイバーのINSになるとは限らない。何十年か前に総ディジタル化を唱えたベル研の研究者は、その時は皆から馬鹿にされた。多数の意見が正しいとは限らない」という話であった。

一方、既存の電気通信業界の外では、電気通信の自由化でなにか大きなビジネスチャンスがあるに違いないと期待を持っていた。なかでも金融界や商社は大変な関心を持っていた。そんな中で、私は、「競争は、長距離電話で起きる」といつも応えていた。当時の電話料金の遠近格差（市内電話と長距離電話との料金格差）一対六十は、まったくコストと関係のない料金設定であったからである。

そのうち稲盛和夫氏や千本倖生氏、小野寺正氏らが第二電電構想を打ち出し、また建設省・道路公団や国鉄の新規参入構想が続いた。皆、長距離通信で競争を行うというものだった。

「第二電電」がマイクロ回線を使ってネットワークを建設すると聞いたときは正直なところ驚いた。しかも、郵政省には、東名阪のマイクロ回線用の電波がリザーブされているということであった。マイクロ回線は、光ファイバーが全てであるような風潮の中で、郵政省の自由化担当課長も忘れていた技術である。電波の使用は、光ファイバーを敷く土地のない新規参入者にはもっとも実現性の高いものだったのだ。

これらの新規参入組は、紆余曲折の後、統合され、現在のＫＤＤＩになっている。そして、今日の主たる事業は携帯電話である。携帯電話サービスがこれほど大きなビジネスになるとは、当時誰も考えていなかった。

衛星通信サービスを行おうと考えた商社を中心にした三つの企業グループの関係者には、日本には三社の競争が成り立つような衛星通信市場はないと何度も申し上げた。それは、技術開発目的で打ち上げられた通信衛星（ＣＳ）のサービス認可で、コストを考えなくても良いこの衛星ですら、非常用のバックアップ回線として使う以外には需要がないことが分かっていたからである。事業化には、企業グループの面子や、米国の衛星メーカとの関係など、事業経営ベースとは別の配慮が優先したのかもしれない。その後、三社は経営に苦労したが、結局、ＪＳＡＴに統合し、東日本大震災の後は、非常用通信の需要で大忙しである。

財閥系の企業グループでは、どのグループもＶＡＮの研究が盛んであった。ＶＡＮが企業グループ間の取引や結束のために必要不可欠だとの観点からであった。これは、前述の「ネットワーク懇談会」とその報告書、「ネットワーク社会」の影響が大であったと思う。当時、アマゾンや楽天のようなネット・ショップのプラット・フォームが出現すると考えた研究会は皆無であった。

ＣＡＴＶについても、商社のような大企業はもとより、多くの個人実業家からも相談を受けた。当時、ＣＡＴＶが米国で隆盛だったこと、地域を限定すれば比較的小規模の投資でサービスが可能であることなどから、大きなビジネス・チャンスだと考える人が多かった。私は、「魅力的な番組なくしてはテレビの多チャンネル化は困難だ。民放キー局が番組

特別企画

週刊読売

ニューメディア戦争最前線！

高度通信サービス（VAN）の制覇に向けて動き出した大企業グループ

情報通信革命をめぐる主導権争いは、ますます激化している。ざっと百兆円の市場があるともいわれるニューメディアの世界には、続々と新しい事業が展開されようとしている。三菱、三井など六大企業グループを中心に、高度情報化時代をにらむ最前線を徹底研究してみた。

総合データ通信ネットワーク

特集で報じる産業界の思惑（週刊読売　昭和58年7月10日号より）

を制作するために多額の経費を必要としているが、ＣＡＴＶに流す映画や番組はどれだけあるかよく調べたのちに投資を考えた方がよい」といつも持論を唱えて熱気に水をさしていた。後に私の話を聞いた多くの方から、「大きな怪我をせずに済んだ」と感謝された。

このようにいろいろな思惑で、いろいろな研究会や事業化の試みがなされたが、今日振り返ってみると、そのほとんどが当初の目論見どおりにはなっていない。しかし、事業を起こした者は何らかの形で夢を実現させている。人間が将来を予想する力は、本当に限られているものであるが、行動を起こせば何らかの成果はあるものだとつくづく思う。

七　合言葉で実現した産業振興政策

二〇一二年度総務省の情報通信関連の予算はおよそ一六〇〇〇億円である。ほんの二十数年前には、実質ゼロであったのだから、まるで夢のような規模だ。

電信電話は、国営独占事業であったから、電電公社の予算が、すなわち事業の規模であり、国民が享受するサービスであった。独立採算のこの国営事業は、加入者債券や財投資金からの借入金など、豊富な資金が存在した。また、この潤沢な資金のもとで、公社の通信総合研究所が技術研究活動を行っていた。

従って、国が電話事業の振興や基礎技術開発を行わなければならないという必要はなかった。その結果、郵政省は電電公社を監督するという業務のみで、郵政省予算は職員の人件費のみであった。

前述の「通信行政の展望」の中にも国が技術開発を行うとか、民間企業を育てるのに国家資金を廻すとかいう発想がまったく見当たらない。郵政省には、産業を振興するという発想がなかったのである。

そんな中で、予算（振興費）と法律（規制）で行政を行う他省庁を見て、郵政省も予算を取る必要があると考え、行動を起こしたのが、若いころより「通信経済学」をとなえていた三浦一郎電気通信参事官であった。

一九七四年、同参事官は、アルミ海底ケーブルを開発するための補助金を予算要求した。当時、銅の価格が暴騰していたので、安いアルミ製の海底ケーブルが製造されると通信産業の振興になると考えたのである。この予算要求は、郵政省が行った実質的に初めての補助金要求であった（当時有線放送電話へたった五〇〇万円の補助金が郵政省に存在した)。大蔵省主計局に出向し、予算要求についての知識を得ていた濱田弘二係長が事務を担当した。

大変な努力の結果、予算が実現し、その後、郵政省には小額の技術開発予算がつくようになった。

それから六年後、電気通信政策局が創立された。民間の情報通信事業者を育成すべきであると考えていた江川データ通信課長は、何とかして開発銀行の低利融資制度を創りたいと、いわゆる財投要求を提出した。しかし、誰からも相手にされなかった。

私も、一九八二年、江川課長を引き継ぎデータ通信課長に就任して同様の要求を出した。しかし、その時、どこから聞きつけたのか、自民党の逓信族の重鎮であった新谷寅三郎参議院議員から、「民間に電電公社に対抗するような事業を育成しようとしているのか?　とんでもない」と言われ、あえなく潰れ去ってしまった。

翌年は、他課にも声を掛け、情報通信業への支援とあわせて、CATV事業に対する支援と、難視聴対策の衛星放送受信施設普及のためのリース制度の創設支援、総計百億円の開発銀行低利融資の要求を行った。

ところが、通産省が既存の「情報処理システムの支援」という要求の中に「(VAN、CATVを含む)」という括弧書きを入れて郵政省の要求とバッティングさせてきたのである。

今年こそは何とか財投を成立させたいと、主だった自民党通信部会の先生に、大蔵省に陳情をするようにお願いに回った。そのころ新聞雑誌などでニューメディアが話題になっていたので、「ニューメディア百億円」という合言葉で大蔵省に電話をかけてもらった。

一方、通産省も、「規制官庁の郵政省ではなく、産業行政の通産省にVANやCATVの財投をつけるべきである。」と、先生方に回った。この結果、両省から頼まれた先生方は「とにかくニューメディア百億円を頼む」と、大蔵省に迫った。「ニューメディア百億円」が、永田町の合言葉になり、大合唱が起きた。

私は、毎夜、理財局の水谷資金一課長の元に参上し、VANやCATVが如何なる概念で、それが郵政省の所管であることを説明して理解を得るべく努力した。水谷課長は、いつも夜中の十二時を過ぎてから、「時間が取れたから」と電話を掛けてきて辛抱強く説明を聞いてくれたが、郵政省の所管であるとは明言してくれなかった。

大臣折衝日の二日前の昼過ぎ、「午後五時までに両省で調整して持ってこい。」との大蔵省の最後の指示があった。私は、課長補佐を伴い通産省にいき、担当課長と話したが埒があかない。相手は、郵政省に財投がつかなければよいのであるから、のらりくらりとかわして調整する気はまったくない。そこで、伴っていた課長補佐に「五時二十五分、課長答えず。三十秒経過、依然答えず。課長補佐記録しなさい。」と現認書をつくる要領で、大声で叫んだ。これは、労働組合員のはねあがり違法行為に苦しんだ郵政省が、現場の管理者に教育して違法行為の証拠を保存する方法であった。私は、郵政大学校の教官をしているときに、同僚教官からその方法を何度も聞いていたのであった。

私の気迫に驚いた通産省の担当課長は、やや混乱して郵政省の所管する範囲を認めてくれたので、その内容を記録して大蔵省に報告した。しかし、その夜、両省の次長クラスが大蔵省に呼ばれたが、通産省は課長間の約束を無視して、従来通り、ＣＡＴＶもＶＡＮも通産省の所管であると主張した。結局、大蔵省は両省未調整とし、通産・郵政・大蔵で協議して使用するという八十億円の財投計画を作成したのである。

この予算成立時には未調整であった部分は、数ヵ月後、電気通信事業法の調整過程の中で、自民党裁定として両省共に認められることになった。郵便局で財投資金を集めるが、それまでは一銭も使う立場になかった郵政省に、はじめて成立した財投であった。これは、郵政省が規制官庁から、振興も行う経済官庁になった第一歩であった。

その後、郵政省には、テレコム税制や、森本哲夫電気通信局長が頑張った電波料を財源とする技術開発予算なども成立し、現在の情報通信振興施策予算となっている。

八　自民党幹部が輩出した「テレコム税制」研究会

予算要求や財投要求と並んで税制が、政策実現のために重要な手段である。この税制に最初に挑戦したのが通信政策局の初代政策課長であった江川晃正氏であった。

電電公社は、国の機関として、当然、政府の財政投融資資金の供給を受け、また固定資産税等、税制上、民間企業にはない優遇措置があった。その有利な側面が、すなわち国の電話普及政策であったと言えなくもないが、国鉄など、他の国の機関として横並びであったにすぎない。従って、郵政省には意識して税制といえるものはなかったのである。

江川課長は、「郵政省では初めて」という試みを、多く、果敢にトライされたが、税制要求もその一つである。ちょうどその年（一九八四年）は、電気通信自由化の実施のための政府内調整が行われており、私はもっぱら特別第二種事業の範囲を定める政令の策定のために通産省や米国との調整に忙殺されていた。また、省内の各課は、技術基準、その他の自由化実施のための各省令の策定で繁忙を極めていた。そんな訳で、江川氏が暗中模索の中で、どのような苦労をされて最初の税制要求をされたかつまびらかではないが、大きなご苦労があったに違いない。

翌年、江川課長を引き継いで二代目の政策課長となった私は、当然、税制要求のとりまとめも引き継ぐことになった。税制について何の知識もなかったが、しかし、あまり苦労をすることもなく、「テレコム税制」を創設することに成功した。それは、奥山雄材局長と政策課の優秀なスタッフのお陰であった。

奥山局長は、自民党の税制調査会の幹部であり、また、通信部会の重鎮であった加藤六月衆議院議員をお招きして、省内の幹部を集めて何度も税制要求の仕組みについての勉強会を実施した。そこで、郵政省は、税制とは役人の予算要求とは根本的に異なり、党の税制調査会の場で行われる政治家の政治活動であるということを教わった。その要求の材料は、業界からの陳情であり、その陳情をまとめるのが各省庁の仕事である。各省からの要求をまとめたものが「電話帳」と呼ばれること、そして、新しい税制を創るのは党の税制調査会であることなど、税制要求の基本を勉強したのであった。郵政省の者にとっては、まったく新しい世界であった。

まだ郵政省には、陳情を持ってくるような業界団体が育っていなかったため、銀行から出向してきたスタッフが中心になって、他産業の例を元に、技術開発のための優遇措置や、投資促進のための優遇税制の要求資料を作成し、それを業界に示して賛同を得ることにした。要求される方が要求を創るという、税制要求の常識からするとまったく本末転倒の方法で要求資料を作成したのであった。

奥山局長は、当選して間もない若い国会議員を中心とするテレコム税制研究会を組織し、加藤議員に顧問になって頂き、勉強会を重ねた。各要求項目の担当課長は、先生方と一対一になって勉強し、その先生方に内容を徹底的にご理解いただいた。その先生方が税制調査会で華々しく議論を展開したので、一躍「テレコム税制」が永田町で有名になった。この時から、テレコム税制研究会に所属する議員が、すなわち郵政の族議員となり、そこで頭角を現した方が、党で活躍されるという図式ができたと思う。

テレコム税制の体制が成功した理由は、自由化や技術発展により情報通信産業が注目を浴び、多くの先生方の関心を呼んだこともさることながら、特定郵便局を基礎とする郵政省の「政治力」が大きく背景にあったと思う。地元に帰ると、「特定局長が、「テレコム税制をよろしく」と挨拶にくる」と、研究会の先生方から何度もお聞きした。

「テレコム税制」の仕組みは、役所の各課長が国会議員と直接、親しくお付き合いをして刺激を受け、また、国会議員の方も役所にパイプができるということで、立法府と行政府が密接に政策を議論できる良い関係であったと思う。政官癒着批判とか、また、公務員の倫理とか言う側面から、政治家と公務員、業界と公務員が付き合うことが批判される社会風潮が昨今強いが、業界と適度な接触なくしては行政需要を把握することは困難であるし、政治家も役所にある情報や知見がなければ、国民に役立つ政策の立案は困難である。

後に自民党の総裁などの大幹部となられた方々の多くは、テレコム税制研究会で活躍された方々である。

九　地域興しのテレトピア構想

中学生のとき、地元の代議士が郵政大臣になったので、普通の家にも電話を引くことができるようになったと言う話を聴いた。今では想像もできないが、どの地域に電話を優先して建設するかという問題がかつてはあったのである。

一九八二年の暮れ、私は、横浜在住の齊藤忠夫東大教授から、横浜のみなとみらい地区の開発計画の話を聞いた。教授は、「通信のオフショア・センターのようなものを建設できないか」と言うのである。

早速、課内でアイディアを募った。都市型と地方型の二つの案がでてきた。

都市型は、国内の特定の地域と、世界の大都市との間を大容量の通信回線で結び、ダイアルの掛け方から、料金もその大都市にいるのと同じにする。あたかも通信に関する限りは、日本にいても、例えばニューヨークにある事務所と同じ状態になるようにすると言うものである。そうすれば、企業は競ってその地域に事務所を建設することになるだろう。

地方型は、日本国内の特定の地域と東京との間に大容量回線を引き、その地域は、東京と同じ市内料金区域とする。通信に関する限りは東京と同じ条件になるので、事務所が集中するだろう。そうすれば東京への集中も緩和されるだろうというのである。

電電公社やＫＤＤは、料金体系を覆す、そんな自殺的なサービスを提供するはずがなく、実現は不可能だ。しかし、楽しい構想であった。テレコミュニケーションとユートピアとを結び付け「テレトピア構想」と名付けることとした。

上司の小山森也局長に、「バカな」と言われると思いながら、「このアイ

地方担当者の必読本となった
「テレトピア戦略」
（出版開発社　刊）

ディアは、新聞に載るだけでも面白いのではないか。」と、相談したところ、意外や、「やってみよう」ということになった。

そこで具体案をつくるべく作業を始めたが、実際に案をまとめだすと、現実的にならざるを得なかった。結局、新しいサービスや施策を、他の地域に先駆けて集中的に実施し、「情報化の先導的役割を担うモデル都市づくりを進める」という案に集約していった。そんな時、突然小山局長から「あれは、しばらくダメだ。次官に「何を馬鹿なことをいっている。地に足がついた地道なことをやれ」と叱られた。次官は、どうも大臣に注意をされたらしい」と、中止命令がおりた。

半年後の八月、各省庁の概算要求が出されると、なんと通産省から「ニューメディア・コミュニティー構想」なるものが出てきた。それは、我々が密かに考えていた「テレトピア構想」と全く同じものだった。郵政省の予算要求案は、既に自民党の通信部会に報告され、了承を求める段階にあったので、「万事休す」であった。

急遽、一部の国会議員にお願いして、自民党の通信部会において、「このような構想は、郵政省こそが打ち上げるべきものではないか」と、叱責してもらった。自民党からの要求ということで、郵政省は概算要求案を、テレトピア構想を入れたものに組み替えることができたのである。

急ぎ、郵政省の施策の中で特定の地域に集中傾斜的に実施できるものがないかリストアップし、また、電電公社の協力を得るべく、協議会などを創設した。当然、通産省も同様のことを矢継ぎ早にしたのである。

郵政省と通産省が、名前こそ異なるがまったく同じ新施策で競争するものだから、地方の関心をおおいに引いた。各都市では、どちらの省に就くべきか大きな混乱があったようだが、このことを機に、地域の情報化への気運は一気に高まった。各都道府県では、一斉に情報化の担当部署を設け、積極的に各種の施策が行われるようになり、また、地方自治体から郵政省に人材派遣の要請なども来るようになった。

今では当たり前のようになった地方の情報化も、はじめは小さな思いつきに過ぎなかったのである。

十　御三家民営化の明暗

国鉄、電電公社、専売公社の三公社と、郵政、林野、印刷、アルコール専売などの五現業は、かつて国営事業であった。御三家といわれた国鉄、電電、郵政はいずれも民営化され、三公社五現業という言葉も、死語になった。同じ民営化だが、実は、大変異なるものであった。

国鉄の民営化は、累積し続ける債務に悩まされこれ以上赤字は拡大できないという観点から、累積債務を清算事業団に棚上げして、身綺麗にして経営の建て直しを図ることが目的であった。ＪＡＬの倒産・再建と全く同じである。国鉄の棚上げされた累積債務は、国民の負担として、いまだに毎年国の予算から支払われている。

電電公社の民営化（一九八五年）は、国鉄問題が議論された土光臨調の答申をもとに、国鉄の民営化とからめて行われた。しかし、それは、電電公社自らが望んだものであって、産業界や国民が、切望していたものとは言い難い。むしろ世の中は無関心であったのだ。従って、大きな政策論議もなく、比較的スムーズに電電公社の希望する形で民営化が行われた。

電話建設が終了した電電公社には、データ通信や、携帯電話などの新しい事業分野が期待された。電電公社経営幹部は、民営化によって経営の自由を得る方が、このような新規事業の展開に有利であると考えたのである。

一九八一年、電電公社は、カラ出張やカラ会議で不正資金を捻出していた、いわゆる近畿電気通信局の不正経理事件で世間を騒がせた。その結果、外部から電電公社総裁を迎えることになり、真藤恒氏が総裁に就いた。

真藤氏は、それまで何ごとも電電公社が中心になって物事が動くと考えている「電電天動説」の職員たちに、民間の考え方を徹底的に教えた。二年後、臨調で電電民営化が議論されたころ（一九八三年）には、公社の幹部の間には民間経営の考えが浸透していたと思う。

当時、私は、ＶＡＮ戦争で忙殺されながらも、通信自由化のための事業法の立案に取り組んでいた。巨大なＮＴＴが独占する市場に、ＮＴＴの分割など、新規参入が容易にするにはどうすればよいのか議論していた。しかし、「ディジタル化の推進」という大義名分のもと、電電公社の圧倒的な力により、新規参入を容易にする市場のあり方などの議論はかき消されてしまったのだった。

一方、郵政の民営化は、国鉄とはまったく逆である。郵政事業は、きわめて健全であったのだ。臨調に続く行革審などでも、郵政事業が話題になったが、民営化の必要性は認識されなかった。私は、郵政省の組織問題の担当である文書課長や、郵便事業の責任者である郵務局長として、行革審の委員の先生方に何度も事業の意義を説明する機会があった。瀬島龍三委員からも、「東京へ出て来るまでは、自分には郵便局しかなかった」と郵便局の役割を理解した言葉を頂いていたことは、印象的である。従って、国鉄や電電とは異なり、国営・郵政省のまま存続した。

しかしながら二十年後の二〇〇六年、小泉政権は、「郵貯は、不良債権問題で疲弊している民間金融機関を圧迫している。また、集められた資金が財投資金として政府機関の資金源になっていることは問題だ」と主張して、郵政省や多くの国民の反対を押し切って、民営化を行った。このように、郵政民営化の真の目的は、郵便、郵貯、簡保の三事業を一体的に運営して効率的な経営を行なっていた郵政事業を分割して経営効率を低下させ、民間金融機関に資金を移動することにあったといえる。

国民共有の財産である全国津々浦々に張り巡らされたシビル・ミニマム・サービスの郵便局ネットワークの弱体化が、高齢化社会の日本にとって正しい判断だったのだろうか。一通の手紙を配達することにも誇りを持っていた郵便局職員のモラールは、国営事業の一翼を担っているというところにあったが、民営化でよすがを失ったのは残念だ。

御三家の民営化が行われて三十年後の現在、電力のシステム改革が議論されている。地方独占体制に競争を入れるための観点から、既存の電力会社を分割して発送電設備を分割しようという議論である。これは、御三家の民営化の議論とは一見、異なるが、多くの点で共通性があるように思えてならない。

御三家の民営化では、改革の目的は何かという本質的な点が置き去りにされ、最初から民営化が正義であり、分割が正義であるという前提で事が進んだ。そして現実に即した多角的な側面からの議論が無視され、多くの矛盾や問題点を残した民営化であった。現在行われている電力改革が、この御三家の民営化プロセスと極めて類似性がある。どのようにすれば安価で安定した電力が確保できるかと言う観点からの検討よりも、始めから競争が全てであり、そのための発送電分離の方法ばかりが議論されている。残念ながら、歴史は繰り返すという言葉を思い出さざるを得ない。

十一　幻の電気通信振興機構

「電電公社が設立された時、国はたった一八二億円しか出資していない。現在の公社の膨大な資産は、加入者の拠出した加入料金と、使用料から成りたっていて、本来、電話加入者に帰属するものである。従って、民営化した場合、国がすべての株式を保有するということはおかしい。少なくとも株式の売却益は、電話加入者の利益のために使われるべきである。」

民営化法案を担当していた濱田弘二調査官は、毎日、毎日声を大にしてこのことを主張しつづけた。省内では誰からも相手にされなかったが、その声を取り上げたのが、次官になった小山局長を引き継いだ澤田茂生局長であった。

羽田孜衆議院議員を委員長とする勉強会が設立され、「電気通信振興機構」構想が打ち出された、日本電信電話株式会社の株式の半分をこの機構が保有し、その売却益や配当で、基礎技術の開発、人材の育成、新規電気通信事業者の育成等、さまざまな電気通信振興のための施策を行うというものであった。そして、一九八四年度の予算要求の最重要項目となった。

しかし、「赤字の国鉄は一般会計で面倒を見なければならないのに、電電公社だけを、電気通信関係で独り占めをすることはできないのではないか。」という大蔵省の主張に産業界も同調する向きが多かった。

結局、この要求は世の中の理解が得られず、幻の構想に終わった。しかし、紆余曲折のあと、通産省と共管の「基盤技術研究促進センター」で、政府保有株式の配当益のごく一部を、電気通信の振興と産業技術の振興のために使うことができるようになった。

当時、私は、自動翻訳電話こそが人類が行うべき技術開発ではないかと思い、ぜひこの株式の売却益をそれに使い、人類の二十世紀の遺産にしたいという夢を持っていた。

機械翻訳の研究を行なっていた京大の長尾真教授（後に京大総長）にお聞きすると、

「完全なものはできないかも知れないが、繰り返して話す、あるいは違う言葉で言い直してみるなどすれば、翻訳ができる。そうすれば、大変便利になる」と大いに励まされた。

ところが、郵政省の電気通信審議会の委員である著名な学者に、「自動翻訳電話の開発は不可能なことが証明されている」と反対された。「研究開発予算の獲得のためだから、審議会では反対だけはしないでください」と懇願したが、「不可能なことが分かっているものを国が行うのは駄目だ」と審議会でも発言され、往生した。

ちょうどそのとき、カンヌで開催されたある国際会議に奥田敬和郵政大臣が出席されることになった。大臣に、「世界に向かって自動翻訳電話の共同開発を呼びかけてはいかがか」と提案したところ、「そんなものが本当にできるのか?」と尋ねられたが、即座に「やろう」ということになった。現地のホテルで、徹夜で練習をして英語でスピーチされた。

数週間後、ＮＥＣの小林宏治会長に業界として応援をお願いに参上した。

「先日ドイツのホテルで、テレビで奥田大臣のスピーチが放映されていて驚いた。自分は、Ｃ＆Ｃ（コンピュータ・アンド・コミュニケーション）を提唱しているが、その究極の姿が自動翻訳電話である。何とか生きているうちに日の目を見たい。」

このような方々の熱意を得て、前述の「基盤技術研究促進センター」の資金を基に、関西研究学園都市に国際電気通信基礎研究所（ＡＴＲ）を設立し、自動翻訳電話の開発拠点としたのである。しかし簡単ではなかった。地元に誘致を考える関経連は設立に熱心であったが、いつものように通産省が反対し、経団連も単なる地方プロジェクトだとしてなかなかサポートしてくれなかった。

奥山雄材通信政策局長のもとで、自民党筋に強く働きかけ、また、経団連には『『国際』電気通信基礎研究所であって、地方どころか日本をも越える国際プロジェクトである」とその意義を説いた。経団連事務局の内田公三産業部長は、この「国際」と言

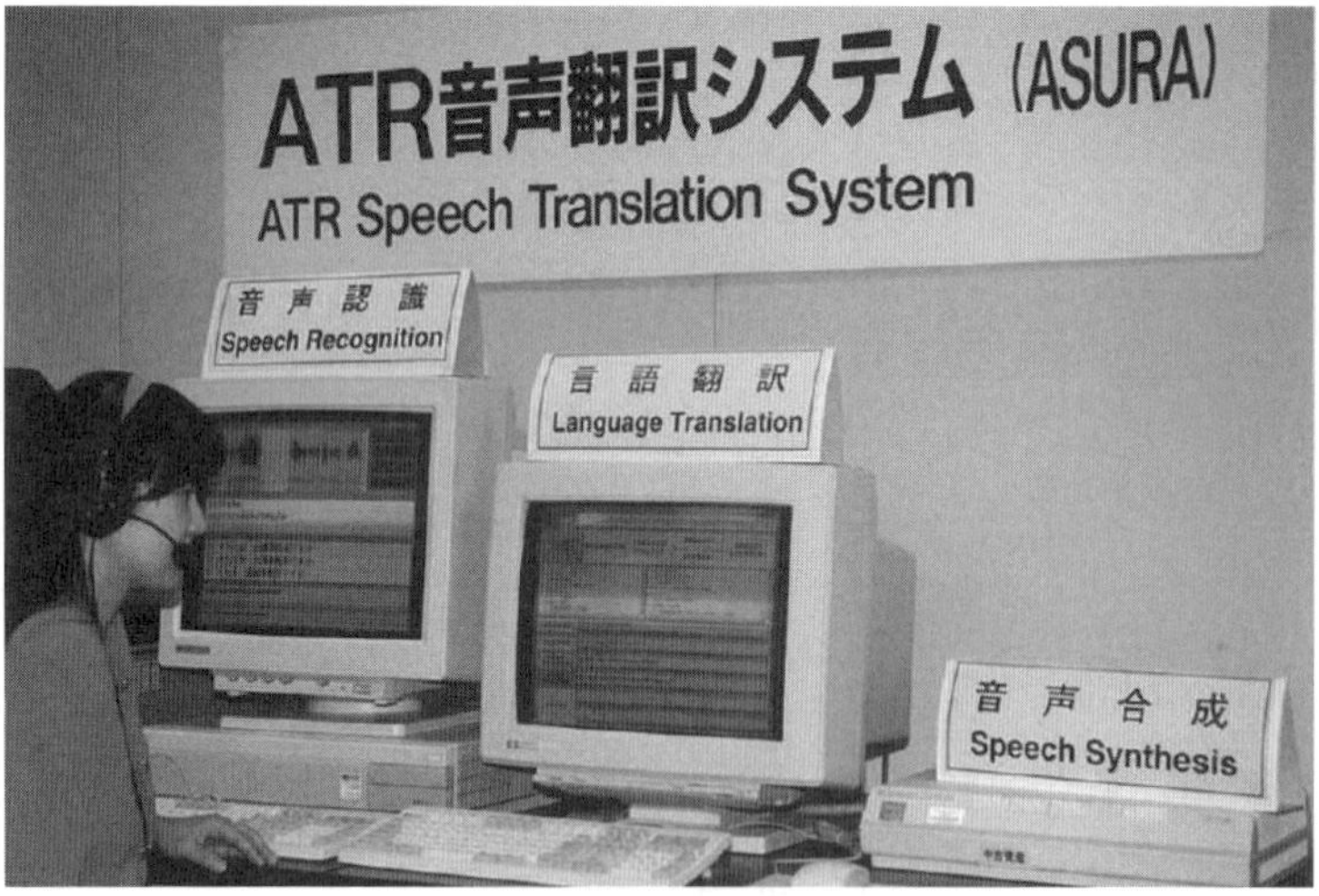

ATR で行われた自動翻訳電話の研究開発

う名称で産業界を説得してくれた。発案当初から使用されていた英語名のＡＴＲにはInternational がないが、日本名には「国際」があるのは、このような理由があるのである。

ＮＴＴ株式の売却益が、ごく一部ではあるが電気通信の技術開発に廻せられるようになったのは、一人で主張し続けた濱田調査官の熱意と粘りであったと思う。

十二　二本立て法体系で公平競争を狙う

私は、郵政省でＮＴＴの経営形態問題を直接担当することはなかった。しかし、日本の電気通信の基本的なフレームワークつくりである経営形態問題は、担当した多くの行政課題に直接の影響を与え、この問題を避けて通ることはできなかった。

電電の民営分割が提案されたのは、一九八二年の第二次臨時行政調査会（土光臨調）である。臨調の専門委員会から担当していたデータ通信問題でヒアリングを受けたりして、当時、臨調ビルと呼ばれた調査会事務局の置かれたビルには何度も足を運んだ。しかし、「中央会社と複数の地方会社に再編すべし」という答申案の作成過程で、真剣な検討と議論があったとは承知していない。電電改革は、いわば国鉄改革の添え物のようなものであった。しかし、答申は世の中の常識に従った内容のものだと思う。

独占国営事業の分野に競争原理を導入するに当たって、巨人である既存の事業者にアリのような新規参入者がどうやって公正な競争ができるのかという問題は誰でも考えることである。その解答のひとつが、既存事業者の分離・分割である。

別のアプローチもある。それは、国の規制で競争条件を公平にさせることである。ゴルフのハンディと同じ考え方である。

私は、自由化法案の策定に当たって、後者の考え方をとり、ＮＴＴと新規参入者は、同じ事業法で規律すべきではないと考えた。ＮＴＴのサービスを細かく規定する、従来からある「公衆電気通信法」と、新規事業者の参入を促進する「新規参入事業法」の二本立ての法体系のもとで公平競争ができる条件を作るべきだと考えた。数ヶ月間、省内で主張し続けたが、小山局長や富田次長の理解を得られなかった。「とにかくＮＴＴと新規参入者とが同じ条件の下で競争することでなければ、ＮＴＴは納得しない」というのであった。

当時、電電公社を分割すべきであるという主張は、分割を主張した臨調答申の存在にもかかわらず、世の中では皆無に近かった。「統合ディジタル網の建設推進のためには全国一体経営が不可欠」との公社の主張に異を唱える者はいなかった。そこで私は、どうしても公平競争ができる条件を創り出す必要があると考えたのである。しかし、臨調答申から見れば、いわば妥協案である私の考えも、省内ですら受け入れられなかったのである。

電電公社の民営化を規定したのは日本電信電話会社法であるが、その附則二条には、五年後の見直しを定めた、いわゆる「見直し規定」がある。これは、分離・分割を意識したものではなく、社会の神経である電気通信の民営化への疑問、技術開発体制に対する疑問など、当時あった電電公社の民営化そのものについての疑問点や反対意見に対して、「とにかく民営化して、五年後に見直して見よう」という趣旨の規定であった。

ところが、五年後の一九九〇年、この見直しは、もっぱらＮＴＴの分割議論となった。分割によって公平競争条件を確保すべきだという新規参入組側と、分割反対のＮＴＴ側との大政治問題となった。あまりにも大きな意見の相違により、結論を見ることができず、見直しは、更に五年後まで引き伸ばされた。

しかし、その間、米政府も米系企業の参入をやり易くする為に公正競争条件確立を厳しく要求した。その結果、いわゆるドミナント規制、アンバンドリング、相互接続ルール等の公平競争条件を確保するための諸規制が次々と導入された。自由化前に私が考えていたことが、実質的に実現したのである。

分割問題は、九六年に、妥協の産物である持ち株会社方式による分割で合意をし、自由化後十五年目、一九九九年、今日のＮＴＴグループが形成された。しかし、当初考えられていた公平競争条件の確保という分割の大きな目的は、すでに個別の規制で確保できており、新規参入事業者が大きく成長していたのである。

その後十年を経て、また、ＮＴＴ経営形態論議が行われた。状況は、自由化時とは一変している。すでに利用者は、世界で最も安価で良質なサービスを享受している。問題とすべき競争は、国内ではなく、国際競争である。国際市場で、如何に日本企業が事業を展開するのか、また、疲弊した通信機器メーカを如何に立ち直らせるのかという観点が、通信政策で最も優先されるべき点であると考える。

日本がＩＢＭに対抗して大型コンピュータを開発し、また、通信機器で世界を制覇できたのは、電電公社と納入通信機メーカの研究開発体制であったという事実も、是非思い起こすべきことである。自由化以後、政府が採ってきた通信政策目標は、単純に競争を促進さえすればよいという傾向が強いが、それでは国際的視野を欠いている。そもそも国家の政策とは、どのような体制や環境を創れば、国民の福祉が最も大きくなるかということであることを忘れてはならない。

十三　歯軋りした日米交渉

米国と日本の間には、繊維、自動車、電気通信、半導体などのたくさんの経済摩擦があった。近年、わが国の経済力が低下して、これらの経済摩擦も過去の出来事になったように見える。しかし、ごく最近起きたトヨタ車に欠陥があると追及された問題は、明らかにこれらの経済摩擦と同質の事柄であり、やはり出る釘はいつも打たれるのである。

「米国から購入できるものは雑巾バケツぐらいしかない」と電電公社の秋草総裁が発言して物議をかもし出したのが、一九七九年ごろから問題になった電電公社の電気通信機器の調達であった。

強力な米国の圧力により、電電公社は、購入したくもない機器を米国から購入するために、仕様書を英文で作成することを強要された。また、調達のために米国各地を行脚することもやらされた。使用もしない米国製の電話機が公社の倉庫に山積みになっているという噂も流れた。さらに公社が民営化した後も、毎年、約束を実行しているかどうか、米国の点検を受けたのである。

一九八四年の電気通信の自由化の際は、私は数年間米国政府と直接交渉をした。多くの案件の中に、日米がどうしても譲れないものとして、通信機器の「プロトコル」があった。ＩＴＵ（国際電気通信連合）の国際標準に従わなければならないという日本案に対して、米国は、どんな米国製機器も販売できるよう総て自由にすべきだと主張して、電気通信自由化法案の実施が延期された。

ワシントンでは、国務省、商務省、ＦＣＣなどの関係省庁の代表十数人と一堂に会して交渉した。「プロトコルが問題だ、完全に自由化しろ」との一斉合奏であった。私は、「ＩＴＵの国際標準に従うのが世界の常識でありどこが悪い」と反論したが、相手は承知をしない。しかし、あるコーヒー・ブレイクの間に、仲良くなった国務省の代表が、私に、こっそりと「ミスター内海、問題になっている「プロトコル」とは、一体なんのことですか？」と教えてくれと言ってきたのである。

電気通信技術者の間で「プロトコル」とは、通信のやり方に関する技術的な約束ごと（技術標準）をさすが、外交用語では、儀典のことを意味する。したがって、国務省の外交官には、まるで何の話か分からなかったらしい。一番になって反対していた、このアメリカの代表は、中身が分からずに、ただ完全自由化と言っていただけのことであった。

決裂のまま帰国したが、特別専用機で先回りして日本へ来た米国通商代表部の幹部は、中曽根総理と直接交渉をし、総理は米国の要求を全てのむ政治決着をした。

また、携帯電話事業の開始に当たっては、すでに時代遅れのモトローラ製のアナログ電話機のために電波の割り当ても強要され、地域によって異なる規格の携帯電話サービスが開始された。

これら米国の要求を受けて立つ側になって直接、間接に交渉に携わった私は、まったく道理に合わない要求を受け入れなければならないことに、「日本は主権国家か?」と歯軋りをする思いでいっぱいであった。

しかし、今振り返って見ると、それらは国際社会では当然のことであったのだと、わが身の未熟さを感じる。当時、人口が、世界の五十分の一しかない日本が、世界のＧＤＰの三分の一近くも占めていたのであるから異常である。外貨が日本に集中して、米国とのバランスが極端に崩れていた。日本の一人勝ちは、世界経済を壊し、結局は日本にも被害をもたらすのである。後に、前川レポートによる内需拡大策、プラザ合意による為替調整、金融機関のＢＩＳ規制など一連の国際合意の中で、この歪な状況は調整されたのだった。

自分の世界では、絶対に正しいことでも、国際社会というレベルになれば、通用しないことが多い。それは、後にＩＴＵの事務総局長となって八年間、世界中の人を相手にして嫌というほど実感したことであった。

十四　通信自由化の総括

これまで電気通信自由化前後の主な出来事を断片的に述べてきたが、このあたりで自由化全体を総括して見よう。

まず第一に、国営独占の体制から民営競争への革命的な政策転換のイニシアティブは、土光臨調の答申であったことである。

郵政省の中でも、民営競争の考え方があったことは、「通信行政の展望」でも明らかである。しかし、それは、単にほのかな希望と言う程度のもので、公にすることさえも憚られたものであった。「電政懇」（一九八一年）でも、やっと「市場原理の導入」と、「経営形態の検討」という言葉の挿入が精一杯であった。

「電政懇」答申から二年後の臨調答申で初めて革命的な電電公社の民営分割の答申が出た。しかし、それは国鉄問題と横並び的に三公社の民営化を答申したのであって、通信政策の真剣な議論の結果ではない。西欧では、日本の十年後に用意周到な検討のもとに自由化が行われたが、日本では、いわば棚ぼた的に行われたのだった。したがって、関係者の議論が不十分で、後で多くの問題が噴出した。

第二に、臨調答申が虫食いにされ、電電公社のいいとこ取りになったことである。電電は、国鉄と違って、経営上の問題が存在したわけではなかった。しかも、自由化答申は、国鉄問題とは異なり、当事者を含めた激しい議論の結果でもなかった。

そのため、答申の分離分割部分は、いとも簡単に無視され、電電の意思どおりの民営化が行われ、市場を一社で独占する怪物が出現したのである。いわば競争政策も競争ルールも不在のままの、競争市場の創造であった。

自由化後三十年を経た今日でも、ＮＴＴの分割のあり方、競争事業者とのネットワーク接続のあり方、独占的市場で得られる情報の不公平な扱いなど、公正競争問題が業界の最大関心事であり、また行政課題となっているのは、ここに由来する。

第三に、通信産業の振興に関する戦略が不充分であったことである。通信主権とか、外資規制とかいう外国勢力に対する保護的政策は、当然のこととして会社法や事業法の中に具現化されたが、国際競争力を確保し、情報通信産業を国の戦略産業にするというような国家戦略がなかった。いわば世界戦略不在の通信事業の自由化であった。

その結果、十数年後に世界の通信市場が自由化され、あたかも植民地時代のように欧米が途上国市場に進出した時、日本はなす術がなかった。これが、今日、情報通信産業が惨めな国際的地位に至っている一因であると思う。

第四に、不十分な技術開発政策である。当時、民営化によって技術開発力が削がれるのではないかと危惧するものも多数いた。また、郵政省も努力したが、日本の将来を考えた新しい技術開発体制作りを行うことは出来なかった。

電気通信は、技術開発に極めて依存した分野であるのに、技術政策にコンセンサスが無いまま電電公社とそのファミリー企業を中心とした技術開発体制が崩壊したのである。

第五に、政治、行政のレベルでは、いわゆるＶＡＮ戦争、すなわち官庁間の縄張り争いが最大問題となり、多くのエネルギーが多数派工作に費やされたことである。世の中の関心は、そちらに集中し、肝心の前記の各種の問題がおろそかになってしまった。

このように、通信自由化は、通信サービスの向上や通信産業の振興を推し進めるにはどうするべきかと言う総合的な通信政策の一環というよりは、むしろ「はじめに民営競争ありき」であったといえるのではなかろうか。

もちろん、世界に先駆けて行われた自由化であり、やってみなければ分からないというパイオニアの苦労があったことは確かで、日本が先例となった十年後のＥＵ内の自由化と単純に比較することはできない。

十五　国威を発揚した京都全権委員会議

一九九四年に京都で開催されたＩＴＵ京都全権委員会議は、いろいろな意味で日本が元気であった時代を象徴する出来事であった。会議は、四週間、一二〇〇名が出席し、日本で開催された最大規模の国際会議であった。日本のホスピタリティが素晴らしかったことは当然であるが、議事進行の点においても一度のナイト・セッションも無く予定通り終了することができ、二十年後の今でもＩＴＵ関係者から「京都会議は素晴らしかった」と褒められている。時間が足りなくて夜も会議を行うことをナイト・セッションと呼ぶが、大きな会議でナイト・セッションが無かったのは、京都会議だけであり、ＩＴＵの歴史上空前絶後の記録である。

そもそも日本がこの会議を招請したのは、一九九〇年に開催されたニース全権委員会議においてである。三浦信氏を、ＩＦＲＢ（国際周波数登録委員会）委員に立候補させたところ、中国が対抗馬を立ててきて大変苦戦した。そこで、選挙戦を有利にするため、ＩＴＵ全権委員会議を京都に招請をしたのであった。

国際選挙戦では、立候補国への会議招請がよく行われる。それは、各国代表をその国へ招待し、歓待することを約束することである。三浦選挙が行われた二十数年前には、たいした検討もせずに、ごく自然に京都招請を行ったのである。その後日本は、ITU事務総局長と標準化局長というIFRB委員よりは上位のポストへ立候補したが、その選挙戦では日本への会議招請の検討すら行われていない。日本にはそれだけの経済的な余裕が無くなってきたのだ。

私は、京都会議の三年も前に、議長予定であると通告を受けて通信政策局次長に任命された。そこで、最初の仕事が、必要経費の資金集めであった。

もちろん各方面にお願いに出向いたが、四億円を集めるのにそれほどの苦労をしなかった。NTT、KDD、NHK、メーカ

ITU京都全権委員会議　本会議場

ともども、当然のように分担に応じてくれた。十年後にＩＴＵ事務総局長として国連情報社会サミットの開催のために、日本で資金集めを行った際、ＮＴＴドコモしか応じてくれなかったことと比較して、当時の日本の経済力は、四億円の負担など問題ではなかったのだ。

「開催する以上は、出席者が日本は素晴らしかったと感心して帰るようにせよ」との白井太政策局長の言葉は、今も忘れられない。必要経費のことなど省幹部は誰も心配しなかったのだ。

ロジ担当の坂東正明室長の周到な準備で、会場、レセプション、夫人プログラム、エクスカーションとすべてが順調に、また、盛大に行われた。一例を挙げれば、会場の京都国際会館で今も語り草になっている日本政府主催のレセプションでの余興である。

祇園の芸妓総上げの「手打ち」であった。京都へ出張した際、お茶屋「一力」の女将に相談

語り草になっている祇園芸妓の手打ち

したところ、提案されたものである。日本人の我々もあまり見ることの出来ないものを、外国の参加者のために、予算の心配をすることなくお願いすることができたのだ。

三年も準備期間があったので、主な国際会議にはすべて出席をして、顔を売ることが出来た。また、外国の顔役の個性や問題点を知ることも出来た。その知識を活用して、議長職を務めたので、会議は何の混乱もなく完璧に進んだ。

後にＩＴＵの事務総局長になって分かったことだが、日本のように三年間も徹底的に準備をする国はどこにもない。どの国も準備は半年程度、会場の準備さえ怪しく、また、議長になる政府高官も国際会議経験が無く、様子がまるで分からないのが通例で事務局泣かせである。

このような日本の完璧主義は、大きな強みであると同時に、スピードが要請される現代、弱点でもあり、また、何事にも消極的になってしまう原因にもなっている。

京都会議では、ＩＴＵに「政策フォーラム」が設立され、後に同フォーラムで、ＩＰ電話の自由化が国際合意された。いわば、京都会議が、世界中何処にでも市内料金とほぼ同じ料金で電話がかけられる情報化社会を実現するきっかけになったのである。

また、京都会議の成功のおかげで、私はＩＴＵの事務総局長に選出されることにもなった。

十六　ＷＴＯと世銀が創ったチャンスを生かせなかった日本企業

「電話の普及率が三％にも満たないこの国で、携帯電話会社が四社も競争している。だから、首都にしかサービスできない。二社でも多すぎることは分かっているが、世銀に指導されているから仕方ない」

あるアフリカの国の通信大臣がＩＴＵ事務総局長の私にこう嘆いた。おまけにこの国の独立規制委員会は、電気通信だけではなく、交通や電力も所掌しているので、通信の専門家は誰もいない。

日本の通信の自由化を追って十二年後（一九九八年）、ＥＵ諸国が一斉に自由化を行った。そして、自由化の波は、またたく間に、世界各国に広がったが、それは、ＷＴＯ（世界貿易機関）の「基本電気通信交渉」という形で行われた。

ＷＴＯでは、自由貿易の推進が世界の繁栄の基礎であるという信念の下に、自由貿易主義者によって自由化交渉がおこなわれている。私は、一九九六年、ＷＴＯの交渉に初めて参加して、正直のところ、通信政策の根幹にかかわることが、通信にまるきり縁がない者たちによって国際約束として決められていく姿に驚愕した。

この「基本電気通信交渉」では、先進国しか通信のプロを代表として交渉の席に出席させる余裕がなかった。途上国は、ジュネーブ駐在の外交官だけである。まず、米、EU、カナダ、日本の四極で合意した内容が、他の主要十六カ国に知らされ、合意が促される。その後、全加盟国の合意を取り付けるという先進国主導の交渉であった。

前記の四極の各国は、すでに自由化が既定路線であったので、交渉は、先進国が途上国に、一方的に自由化を迫るという性格のものとなった。しかし、多くの案件を抱えている途上国の外交官たちは、電気通信のことにまったく無知で発言能力がなく、ほとんど問題提起が起きなかった。さらに、通常は、多くの自由化項目をパッケージで交渉するWTO交渉であるが、「基本電気通信交渉」では、この案件のみが交渉項目になり、いわゆる項目間の「取引」もなかった。これらの理由で、日本代表であった私を含む、ごく少数の者の主導によって、世界中の通信を自由化させる合意を取り付けることに成功したのである。

電話が普及してない開発途上国にとっては、必ずしも最良の政策とは思えない自由化を、実際は、一方的に強制執行したのは、実は、世銀であった。世銀は、電気通信案件に資金を供与したわけではない。しかし、他の案件に資金供与を仰いでいる開発途上国は、世銀の電気通信に関する政策指導に従わざるを得なかったのである。

ところが世銀がコンサルタントを雇って途上国に指導する電気通信自由化の内容は、WTOで合意されたものとは微妙に異なっていた。一例を挙げれば、独立規制委員会の設立である。

WTOの合意では、「規制機関は、「サービス事業体」からは分離し、事業体に従属してはならない」と規定した。政府の規制部門は、もと国営事業体であった強力な会社に支配されるようなことがあってはならないという意味であるが、いつの間にか、規制部門は「政府」から独立していなければならないと勘違いされ、独立規制委員会の設立が強要された。驚く勿れ、後に、米政府が日本に対しても、WTO合意を根拠に、「郵政省は独立規制委員会に改編すべき」と要求したことがある。国際合意の経緯を調べ、合意文書を読んだ者などは、ほとんどいないのである。

ＷＴＯ背景　裏口も交渉の場

アフリカ諸国は、冒頭の大臣発言のように無理な自由化を強いられ、その儲かる市場は欧米資本に席巻され、儲からない地方は未開のままにおかれた。しかし、多少、力のあった南米諸国では、より地方までサービスが行き届くよう、世銀の指導には従わず、ユニバーサル・ファンドの創設や、漸進的な競争の導入など、国情に応じた政策が採られた。それには、ＩＴＵも僅かながらも知恵やコンサル活動などでお手伝いすることができた。（筆者がドミニカ共和国から叙勲された理由の一つ。）

このようにして形成された新市場に、欧米企業はもとより、中国、韓国、シンガポール、タイなどのアジア企業も進出したが、日本企業は、ビジネス・チャンスを生かすことがなかった。

一番遅れていたアフリカ諸国では、まず、宗主国であるイギリスやフランス系の携帯会社が各国の主要都市を押さえた。これは純粋に営業ベースの民間投資であった。都市には豊かな市場が存在したが、既存の国営企業は充分に対処できなかったのである。

民間投資はここで終わったが、次に、中国が経済援助という形で各国の光ファイバー基幹網の建設を行った。中国政府は、建設を中国企業に発注し、自国企業を育成すると同時に、被援助国の資源の確保を行ったのである。ファーウェイ（華為技術有限公司）が大成長したのと期を同じくする。

このようなプロセスを経て、市場開放からたった十年間で、アフリカ諸国の都市部は情報化という点では様変わりした。その情報化の思想的および政策的バックボーンを形成したのが後に述べる情報社会サミットの開催であった。

十七　ＩＴＵ事務総局長に当選

私はＷＴＯの基本電気通信交渉を終えた後、郵務局長を拝命し、電気通信の世界からは遠ざかっていた。ところが一年経つと、ＩＴＵの事務総局長選挙に立候補するように命ぜられた。京都全権委員会議から三年後であった。外国の業界紙に「次期の事務総局長は日本の内海が良い」という記事が出ていると言うことを聞いていたので、立候補しなければならなくなる予感はしていた。

政府を挙げての組織的な選挙運動と京都会議の実績で、強敵であったインドネシアとケニアの候補に打ち勝ち当選することができた。選挙運動の経緯は日本経済新聞出版社刊「国連という錯覚」で詳述しているので、ここでは省略するが、後にＦＣＣ（米国）委員長、William Kennard 氏から、「完璧な選挙キャンペーンであった」と評された。あるレセプションの中での雑談で「自分は事務家だから」と言ったところ、「とんでもない。あんな完璧な選挙キャンペーンをやった政治家（politician）ではないか」と言われたのである。米国は日本人である私の当選を望んでなかったと思えるから、この評は、褒め言葉というよりも、むしろ「うまく選挙戦を行ったいまいましい日本」という意味合いがあると思う。

ジュネーブ赴任直前に郵政省の電気通信技術審議会で挨拶をしたところ、ある委員から、「日本人が事務総局長になってどんなメリットがあるのか」と質問された。当然大きなメリットがあると思い一年間も選挙運動をしてきたので、正直のところ面食らった。

「前任のタリヤンネ氏は、フィンランド出身。フィンランドのノキアは、この数年間に急速に成長した。」

と、答えに窮しながら私は応えたが、今から振り返ると、この委員の質問は、大きなエネル

選挙運動中、マリ大統領からのプレゼントに困惑

ギーと資金を使って国際機関のポストを確保することに対する基本的な疑問であり、また、任期の八年間を評価する一つの基準でもあったのだ。

私は、任期の八年間、いつもなにか日本のために役に立つことはないかと思い続けていた。しかし、日本の企業や政府から特別な依頼も、また、事務総局長職を特別にサポートしてくれるということもなかった。当選するまではあれほど皆でサポートしてくれた政府や企業も、せっかく当選して得たポストを活用しようという動きは感じられなかった。むしろ、ほとんど無関心だったと思う。そして、その八年間、日本のＩＣＴ産業は見る見るうちに韓国や中国企業にその地位を奪われていったのであった。タリヤンネ氏の任期期間中に大発展したフィンランドのノキアとは、全く逆になったのである。選挙期間中、欧米の国々が、日本から事務総局長が出ると日本のＩＣＴ産業が有利になると言って、反日本の動きをしたことはまったく杞憂に終わった。

狭いＩＴＵの権限ではあるが、その権威は大きい。とくに開発途上国へ行けば絶大なものがある。日本企業の営業活動で、なにかと事務総局長の権威を利用する道はあったのではないだろうか。一方、私自身は中立公平を旨として、それが信頼を得る方法だと信じて日本や日本人を有利に取り扱うことを慎んだ。内部の人事などではかえって日本人には余計に厳しくして範を示したように思う。日本企業も同じではなかろうか。日本人の事務総局長を利用して営業活動を行うなどということは、日本人の感覚として、とても考えられなかったのではなかろうか。

ところが国際社会はそんなに綺麗なところではなかった。私は表向きは綺麗ごとを並べ、裏では汚いことを平気でおこなうところだということを嫌と言うほど知った。多くの日本人はまだそのことに気がついていないように思い、そのことを知らせるのが退任後の自分の責務であると考えた。

さて、任期中にどのような成果を上げることができたか聞かれると、「直接日本のためになることは出来なかったかもしれないが、人類の幸福のためには少しは役に立つことができたと思う」と恥ずかしながら応えられるかもしれない。それは、ＩＰ電話

8 年間 主であったITU全景

普及のきっかけを創り電話料金を革命的に引き下げることに成功したことと、情報社会サミットを開催してトップ・リーダーのＩＣＴへの関心を高め、特に開発途上国に情報化の促進を国家政策の優先課題として取り上げさせることができ、情報化の進展に幾ばくかの貢献をしたことである。

十八　ＩＰ電話の世界合意で距離のない世界を実現

ディジタル通信革命とは、一言で言えば、インターネットとＩＰ電話（インターネット電話）の普及だろう。そのＩＰ電話の普及には少なからず貢献することができたと思う。

私の就任した一九九九年秋には、ＩＴＵ世界テレコムのイベントがあった。これは、ＩＴＵがジュネーブで開催する電気通信の展示会であるが、世界中の電気通信大臣や電気通信関連企業の社長たちが、こぞって出席し、業界では最大の展示会として定着していたものである。テレコム開催中は、ジュネーブや近隣のホテルは全て満杯になり、参加者は、毎日コペンハーゲンやマドリッドから、飛行機で通勤するほどの超大イベントであった。

ドットコム・バブル崩壊前の一九九九年のテレコムは、展示の規模、参加者数とも、文字通り地上最大のショーとなった。どの展示館もインターネットと携帯電話を扱っていたが、特に、米国系企業の展示は「インターネット電話」に関する技術や製品で占められていた。それは、データや画像の伝達手段と考えられていたインターネットを電話に利用すると革命的に安価になるという技術である。従来、品質が悪くて、音声通話には向かないといわれていたＩＰ電話を、こんなに良い品質でできますという展示であった。

これを見た利発なシリアの電気通信大臣は、それ以後シリアの電話は、全てＩＰ電話にすることに決定し、電子交換機への投資を即座にストップしたとのことである。このとき、ＩＰネ

テレコムの開会　左よりスイス大統領、国連事務総長、筆者、ジュネーブ州大統領

ットワークの交換機であるルータを製造していたシスコは、設立後たった十年の会社であった。しかし、ＩＰ化への流れをつかめなかった電気通信業界の老舗ルーセント、ジーメンス、また日本の電気通信機メーカは、現在、すべてシスコの後塵を拝することになってしまっている。

会場を主催者のトップとして晴れがましく視察した私は、即座に、「第三回ポリシー・フォーラムのテーマは、ＩＰ電話だ。」と思った。世の中は大変なことになる。通信の世界に距離がなくなる。市内電話の料金で世界中に電話ができるようになる。私が若いときに郵政省でぶち上げた「テレトピア」構想が、世界中で実現できるのだ。しかし、各国ともＩＰ電話を禁止して、この技術を殺しているのだ。

さっそく世界の通信政策とＩＰ電話の技術専門家を招いてワークショップを何回か開催した。各国の意識を高め、理事会（二〇〇〇年七月）でポリシー・フォーラムのテーマをＩＰ電話と決定させるためだった。理事会で問題発言をする可能性のある代表には、特別にワークショップに招き、ＩＰ電話の重要性を理解してもらった。また、どのような方向に問題を解決するか大方の予想もつく状態にした。ワークショップを、根回しの場にしたのだった。

その結果、理事会では大きな議論がなかった。私は安堵したと同時に、拍子抜けもした。IP電話反対の大合唱になると予想していたからだ。利用者には料金の革命的な低廉化を可能とするIP電話は、その一方、既存の電気通信事業者には大打撃を与える。彼らはITUのメンバーであり、彼らの利益が損なわれることが明白なことを、事務総局長が提案しているのである。もしかしたら、理事会の代表たちは、ことの重大さを全く理解していないのでないかとさえ思えた。

しかし、予想外のことが起きた。反対論が出たのは、既存の電気通信事業者ではなく、IP電話の解禁で利益を得るはずの、いわゆるインターネット関連企業であった。「ITUの内海事務総局長がIP電話を禁止するためにポリシー・フォーラムを開催する。反対しよう。」という中傷のメールがネットの中で何百通も飛び回ったのである。とんでも

ジュネーブ州大統領とテレコム視察

ない誤解であった。

インターネット関連グループからは、以後、何度もこの種の誤解をされつづけたＩＴＵであったが、その誤解を解くことは、非常に難しかった。まず、ＩＴＵ事務局に誤解を積極的に解こうとする広報スタッフがいないこと、更に、加盟国において、ＩＴＵに関係している人たちの情報発信力が小さく、誤解をとくほどの力にならないことが大きな理由である。

しかも、インターネット関連団体は意図的に誤解をして宣伝することもある。なぜなら、もし、ＩＴＵが、新しい通信技術やサービスに関して全てうまく機能すれば、彼らの存在意義がなくなるからである。彼らは、ＩＴＵは、「化石」だとか、「滅ぶべき恐竜」だとか、「インターネット規制を意図する機関」だと敵視することで存在意義をもっているのである。

半年後のポリシー・フォーラムの開催までに、問題点を整理し、事務総局長報告を作成する作業が始まった。担当したＩＴＵ職員は、利害関係者と報告書作成のための起草委員会を矢継ぎ早に立ち上げた。全て、前述のワークショップの議論が土台となった。

ポリシー・フォーラムが開催されるころまでには、インターネット・グループからのＩＴＵに対する曲解も姿を消し、彼らの意見を十分に取り入れたバックグランド・ペーパー・やケース・スタディー等の事務総局長報告書が作成された。更に、ポリシー・フォーラム直前の日に問題点の説明会や、技術の展示などを開催して参加者の理解を得た。

振り返って見ると、八年間の任期中に取り扱った案件の中では、極めて利害の対立するものであったにもかかわらず、これほどスムーズにことが運んだものはない。担当した職員たちの働きが大きかった。彼らは、ことの重大性を認識し、奮いたったのである。自分たちが新しい電気通信の世界地図を描いているという興奮があった。私は、彼らに何の指示をする必要もなかった。彼らは、自ら考え、加盟国主導のＩＴＵの歴史上初めて事務局主導で、次々と報告書を作成し、啓発のためのセミナーを実施していったのであった。

一方、加盟国や電気通信事業者等の関係者は、ＩＰ電話の重要性をあまり認識できなかったのかも知れない。さもなければ、反対の狼煙も上げないばかりか、事務局にさしたる注文もださなかった理由が説明できない。あるいは、自由競争の厳しい現実に放り投げられた既存事業者は、日々の競争にエネルギーを消費し、ＩＴＵの動きをフォローできなかったのかも知れない。

このポリシー・フォーラムは、ＩＴＵを日本に宣伝する絶好のチャンスであった。ＩＰ電話が国民に与える影響を考えるとこれほど良い宣伝の材料はない。また、ポリシー・

フォーラム自体が、日本が招請した京都全権委員会議で、日本の提案で設置されたものである。

私は、ジュネーブ在住の新聞記者を呼んでレクをした。

「記者の皆さん、今度ＩＴＵで開催するポリシー・フォーラムは、これからの世の中を変える大変重要な会議です。ＩＰ電話のことを議論しますが、この電話が世界中で実現すると、値段の高い国際電話は、市内電話と同じぐらいの料金となり、距離のない世界が成立します。」

「日本では、あまり聞いたことがないし、こんな技術的なことは取り上げられてはもらえない。」

「今、電気通信技術が社会のあらゆる分野で革命を起こしています。そして、電気通信は、もう距離のない世界になろうとしています。これは、これからの世の中を一変するエポック・メイキングな会議です。ぜひ、日本に知らせてください。」

努力にもかかわらず、会議を報じたのは日経新聞だけであった。しかし、その数年後には、毎日のごとく日刊紙上で、ＩＰ電話が電話の価格破壊を引き起こしていることが報道されるようになった。

ポリシー・フォーラムは、三日間、政府と民間が一堂に会して、経済社会の発展のために果たすべきＩＰネットワークの役割や、ＩＰ電話の有効性、またＩＰ電話が既存の事業者に与える影響、技術の進歩について行けない開発途上国の問題など、広い観点から、議論を行った。そして、最終的に、満場一致で、ＩＰ電話の普及の必要性を認め、そのために各国は、規制を緩めること、また、ＩＰ電話の普及のために、開発途上国に対して支援をすることが合意された。規制の緩和により、大きく影響を受ける開発途上国への支援というものが、いわばパッケージとなってＩＰ電話の解禁が世界的に合意されたのである。

私がジュネーブに赴任したとき、東京までの国際電話は、三分間で数千円した。日本に残した家族への電話は、料金が気になり、ほとんどできなかった。その料金が、八年後帰国するときには、数十円になっていた。国際通信を独占し、超優良企業であったＫＤＤが新興の第二電電と合併し、世界に馳せた社名が消えた。一方、二〇〇三年に、最新技術でＩＰ電話サービスを開始したＳｋｙｐｅは、破竹の勢いで世界中にユーザーを増やした。

十九　流れに乗れなかった日本　情報社会サミット

日本では、地球温暖化問題を議論したリオ・サミットや京都議定書のことは有名だが、世界情報社会サミット（ＷＳＩＳ）のことは、ほとんどの人が知らない。どちらも国連が開催したサミットであり、人類の幸福のために甲乙つけがたく重要だ。しかし、すでに情報化の進展を成し遂げている先進国にとっては、関心の薄い会議であったと思う。

国連は、十数回の「サミット」と呼ばれる会議を開催している。それらは、ニューヨークの国連本部事務局が、国連総会の決議を受けて実施している。ところがこのＷＳＩＳだけは、ニューヨーク本部の何十分の一にもみたない専門機関であるＩＴＵが独自に開催し、国連が後援する形をとっている。小さい専門機関が予算も組織も経験もない状況でのサミット開催というチャレンジは想像を絶する苦労があった。詳細は拙著「国連という錯覚」（日本経済新聞出版社刊）を参照していただきたい。

ＩＣＴの発展と日本という観点から振り返ってみると、日本はＷＳＩＳで創り出されたせっかくのチャンスをみすみす見逃してしまったと言わざるを得ない。それは、国際的な視野の欠落が原因であるが、このことが現在の電子産業の疲弊の一因だとも思う。

ＷＳＩＳ開催に対する開発途上国の期待は極めて大きかった。まず、第一に、そもそもサミットを提案したのはチュニジア政府であった。また、チュニジアは、ホスト国になるべくスイスと激しい誘致合戦を行った。資金力、経験など、どの点を取ってもスイスには敵わないと考えられるチュニジアに、世界の大多数の国が、もちろんそれは開発途上国であるが、応援をしたのである。この大きな応援を無視することはできず、第一回サミットをスイス、第二回サミットをチュニジアと、二つのフェーズのあるサミットとならざるを得なかった。最初から開発途上国の期待を担ったものである。

寄付だけに頼った開催予算であったが、先進国が寄付を渋った中、真っ先に寄付をしたのは、アフリカの最貧国であった。また、世界中で開催された数十回にも及ぶ準備会合に大臣クラスを出して積極的に参画したのは、アフリカを中

ジュネーブ・サミット記念写真

心とする開発途上国であった。サミット当日、先進国はほぼ大臣レベルの出席であったが、文字通り大統領や首相を出席させたのは開発途上国であった。

彼らは、数十回開催されたＷＳＩＳのための準備会合を通じて、資本の蓄積がない開発途上国が先進国に追いつくためには、ＩＣＴが鍵であることに開眼したのであった。ＩＣＴが、大きな投資がなくても世界市場に直結できるツールであり、開発のために必要不可欠なものであることを知った開発途上国は、国連にＩＣＴ基金を創設する提案を行った。その基金を元に途上国のＩＣＴ基盤を築こうと考えたのである。

それに呼応して、ジュネーブ州やリオン市などの一部の自治体が基金創設に協力することを申し出た。しかし、先進ドナー国は更なる負担を恐れ、こともあろうか日本政府が基金創設案を潰す先進国のリーダーに立った。

アフリカを中心とする開発途上国は、搾取の歴史を持つ欧米ではなく、アフリカの開発に善意に満ちた協力の実績のある日本、かつ、ＩＣＴ技術力の高い日本がリーダーシップをとってＩＣＴの発展に導いてくれることに大いに期待した。しかし、その期待は見事に裏切られたのであった。

一方、中国は、このアフリカ諸国の期待に応えた。基金設立案に賛同するだけではなく、設立が難しくなると、ＯＤＡをＩＣＴ分野に傾注し、数年間でアフリカ全土の光フアイバー・ネットワークを建設したのである。そして、その過程でファーウェイ（華為技術有限公司）を、日本企業をしのぐ世界企業に育てあげた。そのため、アフリカ諸国の中国に対する見方は、「アフリカへの援助を減らす日本」に対して、「アフリカの開発を応援してくれる中国」と一気に変わってしまったのである。もちろん背景には、中国のアフリカ地下資源確保がある。ちょうどそんな時期にNTTの井上友二氏が、アンタリアのITU全権委員会議でITUの標準化局長に立候補した。善戦はしたが、アフリカ票を得られる訳がなかった。

もし、日本がアフリカ諸国にICT分野で少しでも救いの手を差し伸べていれば、アフリカ諸国の電気通信網は、少なからず日本製となり、日本のベンダーも現在のようなみじめな状況ではなかったのではなかろうか。日本は、アフリカ諸国がICTに目覚めたことに気がつかず、また、気がついても戦略的な判断をとることができなかったのである。

三年に渡るWSISのために、数十回の準備会合が、地域的に、また全世界的に開催され、参加した延べ人数は数十万人を下らないだろう。国連機関のすべてがICTに注目していた。先進国では、外務省の一部や情報通信行政庁、ICT産業界など、関与した者は限られているが、開発途上国では異なっていた。多くの国で、大統領や首相自らが関心を示し、それぞれの国に国家戦略会議やＩＣＴ促進のための常設機関が設立され、ＩＣＴ基盤建設がブームとなったのである。

ＩＴＵ事務総局長の私の呼び掛けに応じて、国際機関をはじめ各国が開発に関連したＩＣＴの進行中のプロジェクトや予定案件をリストアップし、冊子にまとめた。サミットの第一フェーズから第二フェーズになって、このストック・テイキングは、金額・規模が飛躍的に拡大し、「これがサミットの成果である」とステイク・ホルダー（関係者）は誇らしげに賞賛した。ところが、日本は、このリストに資料さえも提供しなかったのである。サミットが創造した世界のＩＣＴ化の流れにまったく乗っていなかったのである。

サミットのプロセス後半で大きな問題となった「インターネット・ガバナンス」に関しても、日本政府のとった態度は、大きな流れとは離れたもので疑問が起きる。

ストック・テイキングの成果を報告する筆者

アメリカ一国が支配しているインターネットのＩＣＡＮＮによる管理体制を、世界各国が共同で、民主的に管理すべきであるという問題が「インターネット・ガバナンス」の問題である。誰が考えてももっともだと考えられるこの意見は、ブラジル、南ア等が中心となって強く主張された。

ヨーロッパ諸国は当初、インターネットの仕組みという専門技術的な問題を政策決定者がよく理解できなかったのか、アメリカの議論に追従的で、「現状維持」であった。しかし、彼らがブラッセルで統一方針策定のための会議を持った結果、それまでの態度を覆し、ＥＵ統一見解として、インターネット

チュニスサミットのキーノート・スピーカー
左より筆者、ベンアリ・チュニジア大統領、アナン国連事務総長、エバディ女史（ノーベル平和賞受賞者）、シュミット・スイス大統領、バレット・インテル会長、カークリン議長

は、「国際的に」管理されなければならないと主張し始めたのである。明らかに現状のＩＣＡＮＮ体制を意識し、これではダメだと主張したのである。このことにより、世界の趨勢は決まった。

しかし、日本政府は、最後まで、アメリカの主張に同調した。そして、世界各国から異端の眼で見られた。もちろん日本国内にも既存権益に依存するグループがあり、また、日米関係という大きな課題もある。しかし、純粋にインターネットのあり方を論じている場で、世界の流れが誰でも正論と思われる考え方に同調している時、その変化にまったく乗れない日本政府の態度は、状況の変化に対応できない日本人の姿として映る。

潮流の変化にいち早く気づき、波に乗ることがグローバルビジネスをするにあたって不可欠である。しかし、聡い連中は、潮流の変化に気がつくだけでなく、潮流を自らが創り上げているのである。彼我の差は、かなり大きい。

二十　３Ｇ標準化の裏舞台

日本で開発された技術が世界標準となり、日本製品が世界中で売れればこんなに良いことはない。この絵に描いたような成功物語が、三十年前のファックスのＧ３規格であった。

一九八〇年に決定されたＧ３規格の交渉は、ちょうどジュネーブ代表部勤務の時代に行われた。私は、もっぱら日本代表団のお世話をした。国内で調整を付けられなかったＮＴＴとＫＤＤが、ＩＴＵの場で調整することにより統一の国際規格を成立させ、その規格にのっとった日本製のファックスが世界を席巻したのである。

その後、標準化活動を語る人は、誰も、この成功物語を無意識のうちに、考えているようである。しかし、世の中は、そんな生易しいものではなかった。

ＮＨＫの「ハイビジョン」は、日本が世界に誇るべき素晴らしい技術であった。ヨーロッパやソ連とテレビ放送の規格が異なることによる不便は、高精細度テレビの時代に繰り返すべきではない。ＮＨＫは、世界統一標準を創るべく、わざわざ世

ハイビジョンテレビ

界が同意しやすい規格を提案して努力をした。

一九八八年、私は、郵政省の放送行政局総務課長として、この標準化活動をサポートする任務についていた。関係者の多大な努力のおかげで、欧米の放送業界は日本提案を同意したのである。しかし、先行している日本企業の独走を許さないという国家戦略のもと、欧米政府に拒否され、ハイビジョンの標準化は頓挫する。

もちろん、このときの標準化努力が、現在のディジタル「ＨＤＴＶ」として結実しているので、決して無駄なことではなかったが、日本企業はファックスのように技術開発の先行利益を百％活かすことにはならなかった。

この二大国際標準化事案を垣間見た後、第三世代携帯電話（３Ｇ）の標準化に関与することになった。そこで見たのは、標準化活動の裏舞台であった。

一九九九年、ＩＴＵ総局長に就任したばかりの私のところへ一番に駆けつけてきたのは、米国国務省の電気通信担当大使マッカーン女史であった。

「ＩＴＵでの標準化合意の前に、日欧が独自のプロトコルでサービスを先行開始しようとしている。そんなことになると全世界で使えるという第三世代の携帯電話の理想が壊れてしまう。ＩＴＵ事務総局長として、日本や欧州に、ＩＴＵで標準化された方式を使うよう働きかけて欲しい」

十数年前、日本が米国に「ＩＴＵ標準に従うべし」と主張したが聞き入れなかった米国務省の大使である。全くあきれてものが言えない。

私は合意を促進するため、事務総局長は通常は技術専門的な作業部会の活動には関与しないというＩＴＵの慣例を破ってブラジルで開催される作業部会へ乗り込むことにした。「そんな無謀なことをしてもまとめることはできず、メンツを失う」と日本側の関係者が心配をしてくれた。しかし、私はあえて標準化の作業部会に乗り込むことを宣言した。

すると、欧米の関係企業の幹部が続々と状況説明にジュネーブの私を訪問しに来た。そして、ブラジルでの作業部会では、ＩＴＵ事務総局長の登場が利害関係者たちの間に妥協の潮時を認識させ、まとまらないと言われていた標準化案がまとまったのである。ただ、それは単に表舞台での出来事に過ぎなかった。

裏では、日欧が提案した方式の基本特許を多く持っていた米国のカルコム社と、エリクソン社を始めとする欧州企業との間で、特許公開の交渉が行われていたのだ。すなわち、誰が誰にどれだけ開発技術の使用料を支払うかという交渉である。そして、一言で言えば、カルコム社の技術を欧州企業が高値で買うという裏舞台の交渉が妥結することによって、その技術が国際標準としてＩＴＵの表舞台で合意されたのであった。

米国政府の私に対する圧力は、当然、カルコム社の利益をサポートするための一場面であった。

機器と機器がつながり、お互いに通信ができるようにするという教科書的な標準化は、接続技術の進歩によりあまり重要でなくなった。今は、誰と誰が組んでどんな世界商品を創り出すかというのが重要な経営戦略となり、ＩＴＵの標準化活動のようなデ・ジュリー（de Juri）の活動がないがしろにされるようになった。日本企業の技術開発戦略には、根本的な発想の転換が必要であろう。

二一　戦略性が求められる標準化活動

ＩＴＵ事務総局長のとき何度も聞かれた質問は、「日本の技術を世界の標準にするにはどうすればよいか？」であった。この質問は、実は、「デファクト標準になりそうにもない、あまり優れてない技術を、世界の標準にするにはどうすればよいか？」という無理難題な質問なのである。

この質問に対する正解は、「世界のデファクト標準になるぐらいの素晴らしい技術開発をしてください」であると思う。世間ではよく「標準化活動が行える人材の養成が急務である」などと応えるが、まったく的外れの回答ではなかろうか。

そもそもデファクト標準とは、ある技術が他に比較して優れていて、また、相当の営業努力により、世界市場で普及した結果を言うのであり、いわゆるお互いに協力し合い、譲り合う、いわゆるデジュールの標準化活動の成果とはまるで異なる。

誰が見てもずば抜けているような素晴らしい技術があれば、自然と普及するものであり、そもそも「日本の技術を世界の標準にするにはどうすればよいか？」と言う質問も出てこない。従って「日本の技術を世界の標準に」といわれるような技術は、外国でも開発されていて、どの技術も似たり寄ったりのドングリの背比べで、競争状態にあるのである。そこで、なんとか標準化活動で優位に立ち、世界標準として世界市場に売り出そうと目論むのである。

ここでは、標準化活動は、「つなげる」ためではなく、実は、「売る」ための「営業活動」と同義語なのである。従って、前述の質問に対する回答は、「営業活動が出来る人材の養成が急務である」と答えれば、それほど的外れではないことになる。ただし、その営業活動の場は、単純なマーケットではなく、他の企業との連携活動になる。それは、手っ取り早く仲間を増やす場である「フォーラム」の形成である。「フォーラム」は、利害が共通する仲間の集まりであり、そこで共通の基準（限られた標準）を作成するのである。「フォーラム」で話がまとまれば、それを、ＩＴＵなどの「デジュール」の標準化機関のお墨付きをもらって国際標準とするために集団で標準化活動をすることになる。現在ＩＴＵで行われている標準化活動は、その大部分はこのような「フォーラム」からの提案である。

しかしながら、物事はそんなに単純ではない。

営業活動とは、いかにして儲けるかという活動であるから、新商品を世界標準にするのだけが目的ではない。デジュール機関で世界標準として認められるためには、特許の開放が前提である。そこで、

ITU 標準化戦略の基礎となったITUマルティニ戦略会合

特許を開放して世界標準として広くマーケットに普及させることによって儲けるか、それとも、独占して利益を得るかの戦略の選択を迫られる。デファクトで世界標準になるような技術は、特許を開放してまで、世界標準のお墨付きを得る必要は全くないのである。

更に、知財の商売も成り立つ。特許を高く売ることが可能なら、特許を開放し、世界標準化の道を選択して、特許料で儲けることもありえる。一方、高く売れないようであれば、技術を開放せず、製品を自社開発して、なんとか世界に普及させ、あわよくばデファクト標準になる道を選択する。

しかし、デファクト標準にする自信もなければ、しかたない、デジュール標準の道を選んで、なんとか世界標準として認められて普及が図れないか試みることになる。「日本の技術を世界の標準に」と考えられる新技術は、まさに、この程度の技術なのだろう。冒頭述べたように、この道はもともと困難な道である。日本企業は、このあたりの関係をよく理解した上で技術開発戦略を練らなければならない。

さらに、政府もマスコミ受けをする「日本の技術を世界の標準に」というキャッチ・フレーズを不用意に使用すべきではないと思う。なぜなら、「日本の技術を世界の標準に」と日本政府が言った途端に、相手はそうならないように秘策を練るからである。日本政府が世界に訴えるスローガンは、「各国が得意分野の技術を分担して開発し、世界の標準を創ろう」である。

二二　未来への教訓

激動のディジタル革命三十年間を振り返ってみて、人間の未来を予測する能力が如何に限られているか思い知らされる。

携帯電話がこれほどまでに普及するとは誰も考えなかった。ＮＴＴが分割されてＮＴＴドコモが設立されたときは、ドコモへ移籍する希望者が少なくて困ったという。今は、ＮＴＴグループの稼ぎ頭となり、グループを支えている。

三十年前ＮＴＴがパケット通信網サービスを開始したとき、誰が今のインターネットの発展を予想しただろうか。そして、アマゾンや楽天がインターネットを活用して流通革命を起こすことを誰が予想しただろうか。また、京都全権委員会議で創立した「政策フォーラム」が世界の電話料金を革命的に安くさせるとは、誰が想像しただろうか。

もちろん未来が見える人がいるからこそ現在の発展があるのであるが、大多数の者は予想をつけることができなかったのだ。今、周りを見渡すと、駄目だと最初からあきらめていることが如何に多いことか。

努力すれば、必ず見返りがある。ゼロから出発した郵政省の振興予算は、まさに先輩たちの努力の結果、千億のオーダーを越えている。ゼロから出発した第二電電は、売上高数兆円の企業に成長した。ゼロから出発した楽天は、売上高数千億円の企業となり、アジア各国へも進出している。

飛行機は、二次元の世界である地上を滑走して、三次元の空間に突入し、飛行する。地上の前後左右だけの世界から、上下もある空中に突入した途端、全てが変わる。しかし、それには、翼と、離陸に必要な一定のスピードが必要である。

この十年間に世界は変わった。それは、国内経済、あってもせいぜい地域経済の範囲で人間の経済活動が行われていた世界が、地球規模のグローバル経済になったことである。通信の自由化は、電電公社独占の世界から、自由競争の世界へ、まさに、次元のシフトがあった。そして、皆が燃えた。

今同じように、国内経済の世界からグローバル経済の世界へと次元のシフトが起きたのである。

翼がなければ三次元の世界を飛行できないのと同じように、英語を自由に操れなければグローバル世界では生きていけない。一定のスピードを出さなければ失速して墜落するのと同じように、一定の経営規模と世界に通ずる経営ノウハウがなければ、グローバル市場では飛べない。そして何よりも、エンジンをフル回転して飛ぶ意思がなければ、飛行は不可能だ。

通信の自由化が行われたときは、皆がパイオニア・スピリットを持ち、夢に燃えた。日本人には、充分な英語の能力や、グローバル経営のノウハウ、資金、技術力がある。世界で活躍している先進的な日本企業がそのことを証明しているではないか。今、求められているものは、かつては旺盛であったエンジンをフル回転して「戦う意思」ではないかと思う。

私が直接垣間見ることができたディジタル革命の舞台裏は、極めて限られた場面の、そのまた一部分に過ぎない。しかし、多くの関係者の皆様の熱気と汗とを身近に感じることができたのは、人生幸甚の極みである。

法律・制度・枠組みの変化と主なできごと

西暦	和暦	法律・制度・枠組み 行政体制	主なできごと	内海善雄 のポスト
1963	昭和38		インテルサット設立	
1964	39			
1965	40		カラーテレビ用全国マイクロネットワーク完成	東芝入社
1966	41			郵政省入省
1967	42			郵務局輸送課
1968	43		ポケベルサービス開始	人事局要員訓練課
1969	44			
1970	45			シカゴ大学留学
1971	46	公衆電気通信法の改正・データ通信関係の追加		
1972	47		電話料金時間制導入	郵政大学校教官
1973	48	データ通信の一部自由化		水島郵便局長
1974	49			電気通信監理官室副参事官
1975	50		超LSIの研究開始	
1976	51			外務研修
1977	52			ジュネーブ代表部一等書記官
1978	53		加入電話の積滞解消 KDD事件	
1979	54		電話の全国自動即時化完了	
1980	55	電気通信政策局誕生	パケット交換サービスの開始 通信衛星さくら1号	広島郵政局郵務部長

西暦	和暦	法律・制度・枠組み 行政体制	主なできごと	内海善雄 のポスト
1981	昭和56	VAN戦争（～1984年）		電気通信政策局 政策企画官
1982	57	臨調答申（電電民営化提案）		電気通信政策局 データ通信課長
1983	58	中小企業VAN省令の発布 テレトピア構想		
1984	59	テレコム3局に再編	キャプテン開始 衛星通信サービス開始	
1985	60	日本電信電話株式会社発足 電気通信事業法の施行	第二電電等新規参入開始	通信政策局 政策課長
1986	61		ATR 設立（自動翻訳電話の研究開始）	簡易保険局 資金運用課長
1987	62		携帯電話サービスの開始 ニフティサーブ開始	
1988	63		INSサービス開始	放送行政局 総務課長
1989	64		ハイビジョン（muse 方式）実験放送開始	文書課長
1990	平成 2	NTT見直し延期 EU 自由化指令	インターネットの商用開始	官房審議官
1991	3		情報スーパーハイウエイ構想（米国） WWW の登場	通信政策局次長
1992	4			
1993	5			国際部長
1994	6	ITU京都全権委員会議		
1995	7	NTT再編成持ち株方式で合意	PHSサービス開始 検索エンジンの登場	
1996	8	WTO基本テレコム合意	NTT ディジタル化完了	総務審議官
1997	9			郵務局長
1998	10			審議官（Deputy Minister）

西暦	和暦	法律・制度・枠組み 行政体制	主なできごと	内海善雄 のポスト
1999	平成 11	NTT分割		ITU事務総局長 （～2006 年末）
2000	12		ADSLサービスの開始 光サービスの開始 KDDI設立	
2001	13	ITU政策フォーラムでIP電話合意	番号ポータビィリティの開始	
2002	14			
2003	15	ジュネーブ情報社会サミット	IP電話と加入電話の接続	
2004	16			
2005	17	チュニジア情報社会サミット		
2006	18		ディジタルテレビ放送化開始 ツイッター開始	
2007	19		iPhone 発売	ジュネーブより帰国

「翻れ！　日本のＩＣＴ産業」
デイジタル革命三十年の証言
平成二十五年五月十五日　初版発行
編著者／内　海　善　雄
発行所／一般財団法人情報通信振興会
東京都豊島区駒込二―三―十
〇三―三九四〇―三九五一
印刷所／株式会社エム・ティ・ディ
〇三―五三四五―七三八一
価格はカバーに印刷してあります。
ISBN978－4－8076－0721－1　C0030